123！探秘神奇的昆虫世界

昆虫高手求生记

林育真　著

山东教育出版社
·济南·

图书在版编目（CIP）数据

昆虫高手求生记 / 林育真著. -- 济南 ：山东教育出版社，2024. 9. --（123！探秘神奇的昆虫世界）.

ISBN 978-7-5701-3178-5

Ⅰ. Q96-49

中国国家版本馆 CIP 数据核字第202431FQ79号

KUNCHONG GAOSHOU QIUSHENG JI

昆虫高手求生记 林育真 著

主管单位：山东出版传媒股份有限公司

出版发行：山东教育出版社

地址：济南市市中区二环南路2066号4区1号 邮编：250003

电话：（0531）82092660 网址：www.sjs.com.cn

印 刷：山东黄氏印务有限公司

版 次：2024年9月第1版

印 次：2024年9月第1次印刷

印 数：1—5000

开 本：889毫米 ×1240毫米 1/12

印 张：$12\frac{1}{3}$

字 数：200千

定 价：46.00元

（如印装质量有问题，请与印刷厂联系调换）印厂电话：0531-55575077

前言

昆虫起源于4亿多年前，它们是动物界中种类最多、数量最大、生态类型最多样、分布最广泛的类群。昆虫的踪迹几乎遍布世界的每一个角落，它们成为高度发展又复杂奥妙的生命群体。

在自然界中，各种生物的生存竞争无时不在、到处都有。昆虫和其他类群动物一样，获取食物和繁衍后代是其生活的全部内容。要生存和繁衍，首先就要保护自己免受潜在捕食者的伤害，同时能够有效获得食物或捕获猎物。到底是什么样的自然选择和适应能力，使昆虫拥有了如此强大的生命力？让我们从千差万别的昆虫类群及其纷繁多样的生存策略来归纳和分析，一起认识和了解环境如何塑造昆虫，昆虫又是怎样适应环境的吧！

三角枯叶螳

昆虫在复杂的环境中寻找生机，采用不同的生存对策捕食、防御和繁衍后代。不同种类的昆虫拥有独特而有效的求生本领，许多昆虫进化出了化学武器，用毒液或臭味进攻或防卫；有些昆虫成群结伙，举群体之力以小搏大，以多胜少；有些昆虫变为隐身大师，演化出保护色、拟态、眼斑，等等，它们通过伪装隐身设伏，平安度日；有些昆虫家族演变为“刺客”，依靠毒刺或刺吸式口器，横行世界；有些昆虫另辟蹊径，它们本身或后代寄生在他种生物身上，既安全还不愁吃喝；还有些昆虫选择合作的模式，它们共生或共栖，互帮又互利。

很多昆虫不仅有一套生存策略，还拥有“双保险”、多技能，例如有的竹节虫既有逼真的拟态，还会喷吐毒液或断肢逃生；又如许多具有保护色和拟态的昆虫，危急时刻还会装死不动，危机解除才又“死去活来”。

昆虫的求生对策不胜枚举，它们极尽变化，终极目标就是生存与繁衍。总之，世界有千般样貌，昆虫也有万种情状。

目录

毒液臭味，化学武器

依据科学家的考证，早在一亿多年前，昆虫家族中的某些成员的体内就已出现“化学武器”——毒素、毒液或臭味物质。昆虫利用化学武器，捕食、防身或两者兼之，小小昆虫有了化学武器的加持，在激烈的竞争中就多了好几分胜算。

一些凶猛的捕食性昆虫，捕捉猎物时需要化学武器的辅助，以便尽快麻痹或杀死猎物，提高猎捕效率，保证自身安全。许多身体无特别御敌机制的植食性昆虫（成虫或幼虫），为避免被捕，进化出毒腺，分泌毒液以御敌。其中，有些昆虫的毒素成分取自外界，靠吸收食物中有毒成分为己所用。许多昆虫体形微小，个体毒液量少，但群体一起喷洒或注射毒液，足以战胜强大的敌人。臭腺和臭味是另类化学武器，其御敌保命的功用类似有毒物质。

可以说，昆虫家族的化学武器早就成为克敌制胜或防身自卫的法宝。昆虫高手使用的化学武器形形色色、各种各样，其毒素的来源与性质、用毒的方式、毒性的强弱、起效的快慢，以及敌方中毒的反应，都是不一样的。

值得注意的是，许多有毒或有臭味的昆虫并不只是依靠化学武器求得生存，它们可能同时具有醒目的警戒色，配备利齿和坚硬外壳，有的还会在关键时刻断肢或假死求生，这些多样的求生技能符合“艺多不压身”的生存原则。

喷射毒气的炮甲虫

炮甲虫又叫气步甲，是一类美丽的小甲虫，体内有制造和存储毒剂的构造。其腹部末端有一对像炮筒的小孔，小孔的角度可调。炮甲虫制造化学毒气的原料来自体内的两种腺体，一种腺体生产对苯二酚，另一种腺体生产过氧化氢。炮甲虫在“放炮”时就将两种物质注入同一个腔室混合，经酶的催化分解产生激烈化学反应，产生带有压力、高温、恶臭的毒性气雾，经喷射孔喷出，能连续喷射多次。毒气可以用来击退蚂蚁和吓跑其他来犯之敌，即使体形比它大很多且身披盔甲的犰狳，也只能落荒而逃。总之，炮甲虫可称得上是一架令人称奇的微生态化学毒气喷射器。

炮甲虫

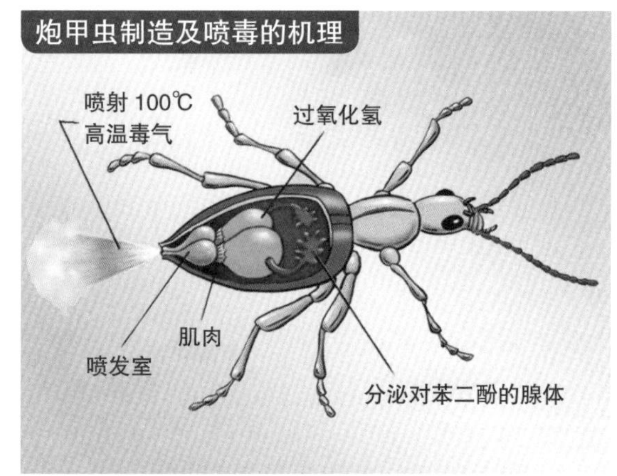

炮甲虫制造及喷毒的机理

实验设置刺激炮甲虫发射毒气雾

炮甲虫毒气驱敌

满身毒刺的刺毛虫

刺蛾幼虫俗称刺毛虫、洋辣子，是常见的园林食叶害虫。它们全身都是有毒的刺突和刚毛，同时长有鲜艳醒目的条形斑纹，造成的强烈视觉效果使鸟类或其他食虫动物不敢去吞食。刺毛虫的刺毛是空心的管，里面有淡黄色的毒液。人若被刺毛虫纤细的毒毛刺到，几乎看不到伤口，但初感局部瘙痒、刺痛，又红又肿，有灼烧感，久则外痒内痛，经 1—2 周才能逐渐康复。

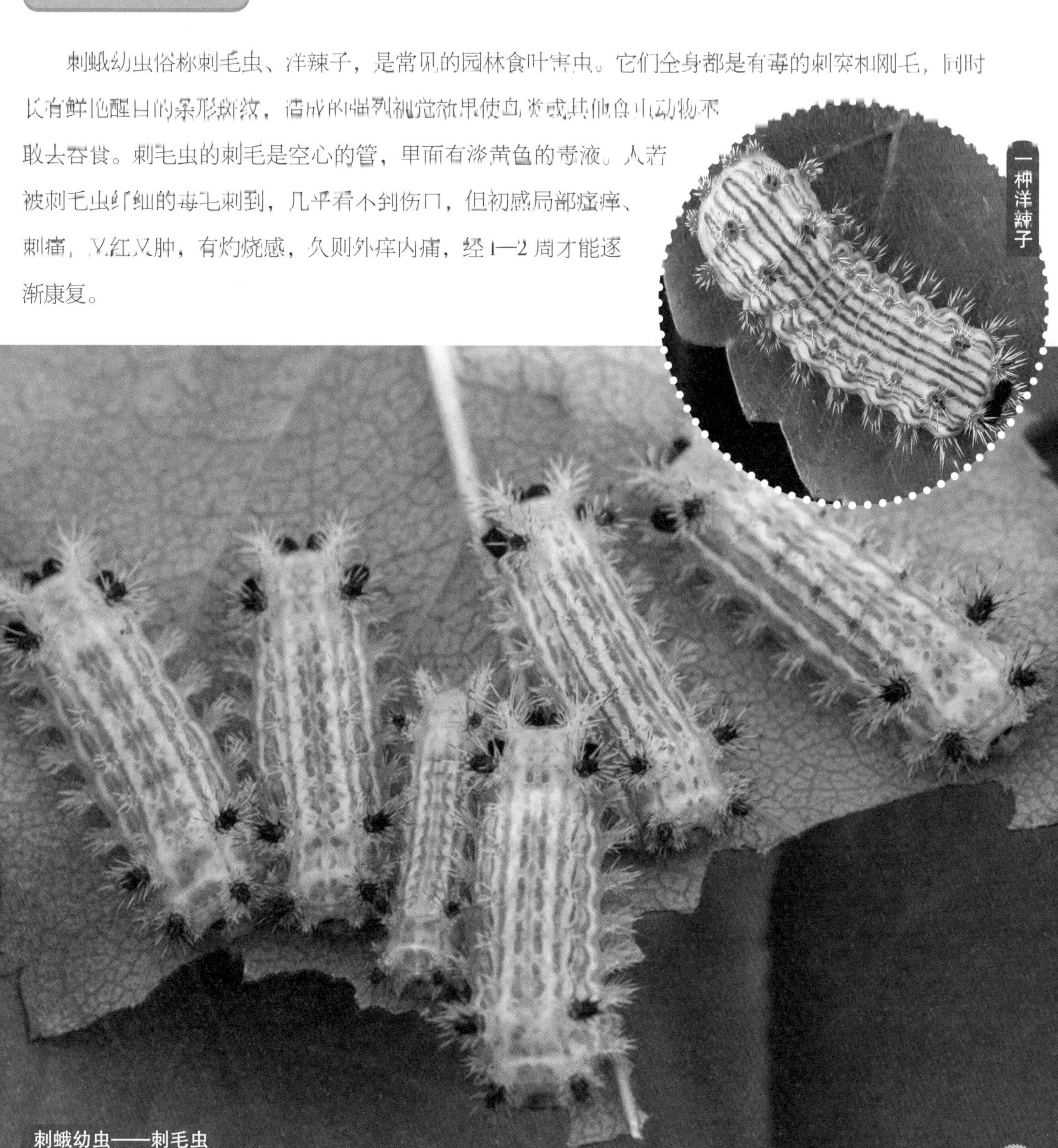

刺蛾幼虫——刺毛虫

吸血的接吻虫

接吻虫虽有个有趣的名字，但实际是善于吸血的毒虫，因头部狭长似锥子而得名锥蝽，又因常在人类唇边吸血而得名“接吻虫”。它是传播美洲锥虫病的主要媒介，也是世界上可怕的害虫之一。当人或动物熟睡时，接吻虫偷偷光顾前来吸血，被叮咬者并无疼痛感。最可恨的是，这种害虫吸血后会在伤口处排便，粪便中携带的锥虫（原生动物鞭毛虫）进入人体血液后，会使人感染锥虫病——非洲睡眠病。

接吻虫在吸血

一种猫毛虫——绒蛾幼虫

北美最毒毛虫——猫毛虫

猫毛虫是大自然最奇特的毛虫，也是北美最毒毛虫。它就像披了件毛绒外衣，身上的毒毛像猫毛一样柔软，以致别的动物对它毫无戒备，人类也会忍不住去摸一摸它。但哪怕有人轻轻触碰一下猫毛虫，也会立即如遭电击，深入骨髓的剧痛可持续 12 个小时。猫毛虫不但毒毛厉害，当它变成会飞的绒蛾，也能靠绒毛上的毒刺保护其自身和卵，以免被蚂蚁等捕食者吃掉。总之，猫毛虫的可怕之处就是身怀剧毒，却有着迷惑人的可爱外貌。

隐翅虫

体内有毒的隐翅虫

隐翅虫是生活在森林落叶层的有毒甲虫。其前翅为坚硬的短鞘翅，后翅为膜质，长而大，飞时展开，不飞时折叠藏在鞘翅下，因此称为隐翅虫。隐翅虫的卵、幼虫、蛹和成虫体内都有毒素，毒液具有强酸性，因此又被称为“硫酸蚁”。但它捕食蚜虫、叶蝉、飞虱等害虫，对农业有益。隐翅虫体表无毒，也不蜇人，偶尔落到或爬到人身上，只要把它吹走即可；要是用手将它拍烂，其毒液会沾染皮肤，引发隐翅虫皮炎。

南非喷酸甲虫

这种甲虫个体比蚂蚁大几十倍，它们只要跑到蚂蚁洞口，就能轻而易举地猎食进出洞口的蚂蚁，还能从蚂蚁体内获取蚁酸，存贮在自身体内并转化为有毒的酸液。当它们遭遇螳螂、蛙类等威胁时，就会从可灵活转动的腹部末端喷射出一股高温恶臭的毒液。毒液喷到敌方的眼、鼻等脆弱处，从而击退来犯者。

喷酸甲虫

大斑芫菁（yuán jīng）及体内的斑蝥（máo）素

大斑芫菁成虫

大斑芫菁成虫身体有鲜明的警戒色。幼虫为肉食性，喜捕食蝗卵；成虫喜群集，常静伏于不同种类寄主植物上，吃花、嫩叶和嫩茎，体内合成并贮存剧毒有机化合物——斑蝥素，可由腿关节分泌黄色毒液，起御敌作用。

萤火虫幼虫的麻醉剂

萤火虫成虫与幼虫食性截然不同，成虫吃花粉花蜜，幼虫爱吃肉。陆栖萤火虫幼虫以蜗牛、蚯蚓和昆虫等小动物为食，水栖萤火虫幼虫捕食水域的螺、贝类等。萤火虫幼虫搜寻到蜗牛，一般会先爬上壳，用 3 对足抓紧猎物，用细颚注射化学麻醉剂，再注入消化液，将猎物的肉体化成浆汁后吸食。

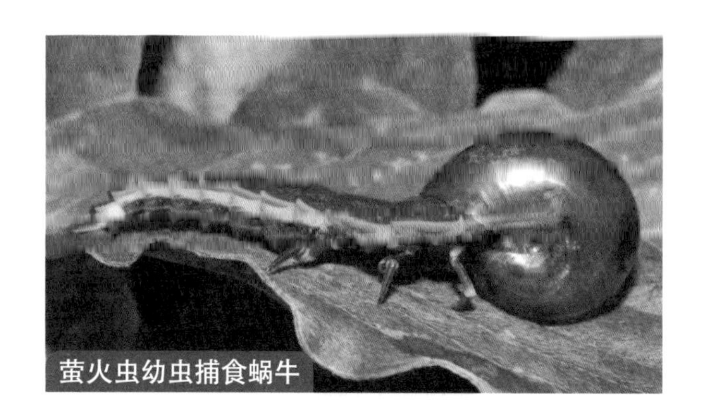
萤火虫幼虫捕食蜗牛

奇特的喷毒竹节虫

这种竹节虫是新近在菲律宾雨林发现的，有别于生活在树上的竹节虫，它生活在地面，形态十分独特：无翅，也没有竹节虫普遍具有的保护色及拟态，反而体色绚丽多彩——头部绿色，身体橙色绿色相间，十分引人注目。喷毒竹节虫会从头部下方喷出带有刺鼻气味的防御性毒雾，以此对抗捕食者。

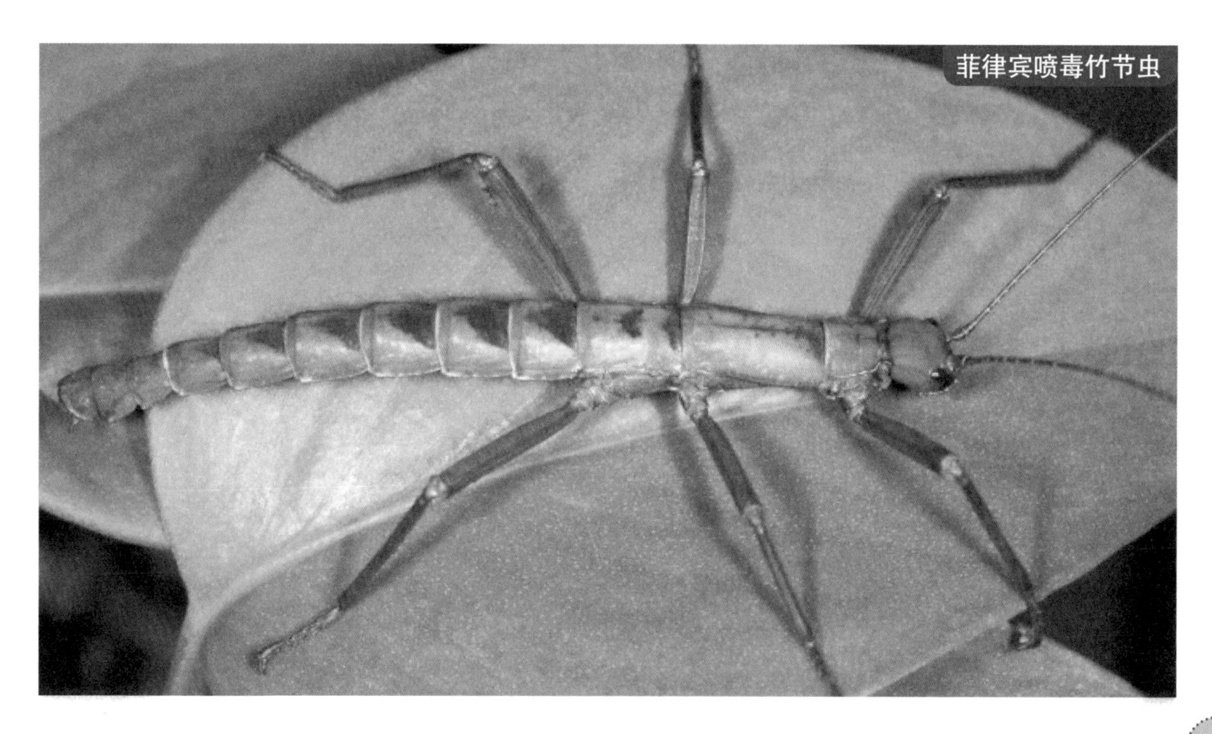
菲律宾喷毒竹节虫

巨大有毒的牛头蚁

牛头蚁是产于澳大利亚的原始蚂蚁，又称公牛蚁、犬蚁、狮蚁。它们是蚂蚁世界的“巨人”，特大种类的体长可达 40 毫米，较小的种类也能长到 15 毫米。牛头蚁性情凶猛，有长而锋利的锯齿状大颚和剧毒的尾刺，其毒液毒性强、起效快，可迅速麻痹猎物，因此牛头蚁能够捕食比自身大的猎物。牛头蚁身体缺乏化学感受器，但眼特别大，视觉敏锐，敢于单独捕猎。牛头蚁成虫是杂食性的，但幼虫只吃肉食，因此必须经常捕猎。

牛头蚁头部（大眼及大颚）

剧毒善跳的“杰克跳蚁”

澳大利亚有 90 多种牛头蚁，其中最毒的就是多毛牛蚁，当地特称为“杰克跳蚁”。它们是凶猛且擅长跳跃的捕食者，弹跳能力惊人，能跳到黄蜂背上去叮刺。其尾刺的毒液在昆虫世界中毒性极强，苍蝇被刺几秒后就会死亡，蜜蜂、黄蜂也在劫难逃。人遭到蜇叮的症状类似遭遇红火蚁蜇叮的症状：局部肿胀，发红发热，形成疱（pào）囊，过敏体质者可能休克，甚至死亡。近年来，当地已研制并生产对症有效的药物，杰克跳蚁不再是恐怖的无药可治其毒液的蚂蚁。

杰克跳蚁

杰克跳蚁猎捕黄蜂

喷酸驱敌的林蚁

生活在欧洲阿尔卑斯山地区的林蚁，腹部后端有喷酸孔，能喷射带有酸臭气味的腐蚀性液体。一只林蚁的喷射量微小，但数以万计的林蚁一齐喷酸，便能驱赶入侵蚁巢的鸟类或小型兽类。喷酸林蚁是群居的社会性昆虫，能有组织地进行捕食活动，也能合作捕食比自身体形大很多的步甲虫、毛虫和蜘蛛，还能把毛虫身上的毒毛一根根地清除，然后一起把它拖入巢内分享。

喷酸林蚁群

列队喷酸情景

难防难治的红火蚁

红火蚁原产自南美洲，现已入侵至世界各地，包括中国。这种蚂蚁周身呈红棕色，毒液毒性强烈，蜇人如灼烧般疼痛，故称红火蚁。红火蚁群体数量大，繁殖快，极难防治。其工蚁体长仅3—6毫米，但攻击性很强，动物、植物通吃。依仗数量优势，红火蚁所到之处，昆虫、蠕虫等尽遭捕食。接触人类时红火蚁用大颚猛咬，用尾刺注入含生物碱、蚁酸及毒蛋白的毒液。受害者的轻度症状为患处红肿、瘙痒、疼痛，发水疱，感染后变为脓疱；严重时出现头晕、发烧、意识模糊、咽喉水肿等症状，甚至有因严重过敏而休克、死亡的危险。

凶猛善跳的猎镰猛蚁

猛蚁家族古老原始。顾名思义，它们是凶猛的掠食性蚁类，生活在热带和亚热带，主要捕食其他昆虫。它们具有比脑袋还长的一对大颚和发达的螯针，眼睛很大，视力敏锐。猛蚁具有一般蚂蚁不具备的跳跃能力，惯于单打独斗，捕猎时会尾随猎物，潜行靠近，突然跃起，攻其不备。它们会用长颚牢牢夹住猎物，并用毒针给予致命一刺。猎物中毒麻痹不能反抗，被拖入巢穴沦为食物。猛蚁群规模很小，一个成熟群的成员也不超过 200 只。

具有神奇“大齿”的大齿猛蚁

大齿猛蚁的工蚁头部很大，“大齿”并非指此种蚂蚁长而直、端部向内弯成直角的一对大颚，而是指这对超长大颚边缘的 8 枚粗大齿。大齿猛蚁捕猎时会把大颚张开至惊人的 180°，双颚闭合时则疾如闪电，速度世界第一——能在 130 微秒内“合嘴”咬紧猎物。另外，它们的咬合力达到其体重的 300 倍，同时会用毒刺进攻猎物。“大齿”还能用来避敌逃生，其闭合的强劲力道能把自身弹至 8 厘米左右的“高空”，落到 40 厘米左右之外的安全地带，借此逃离险境。

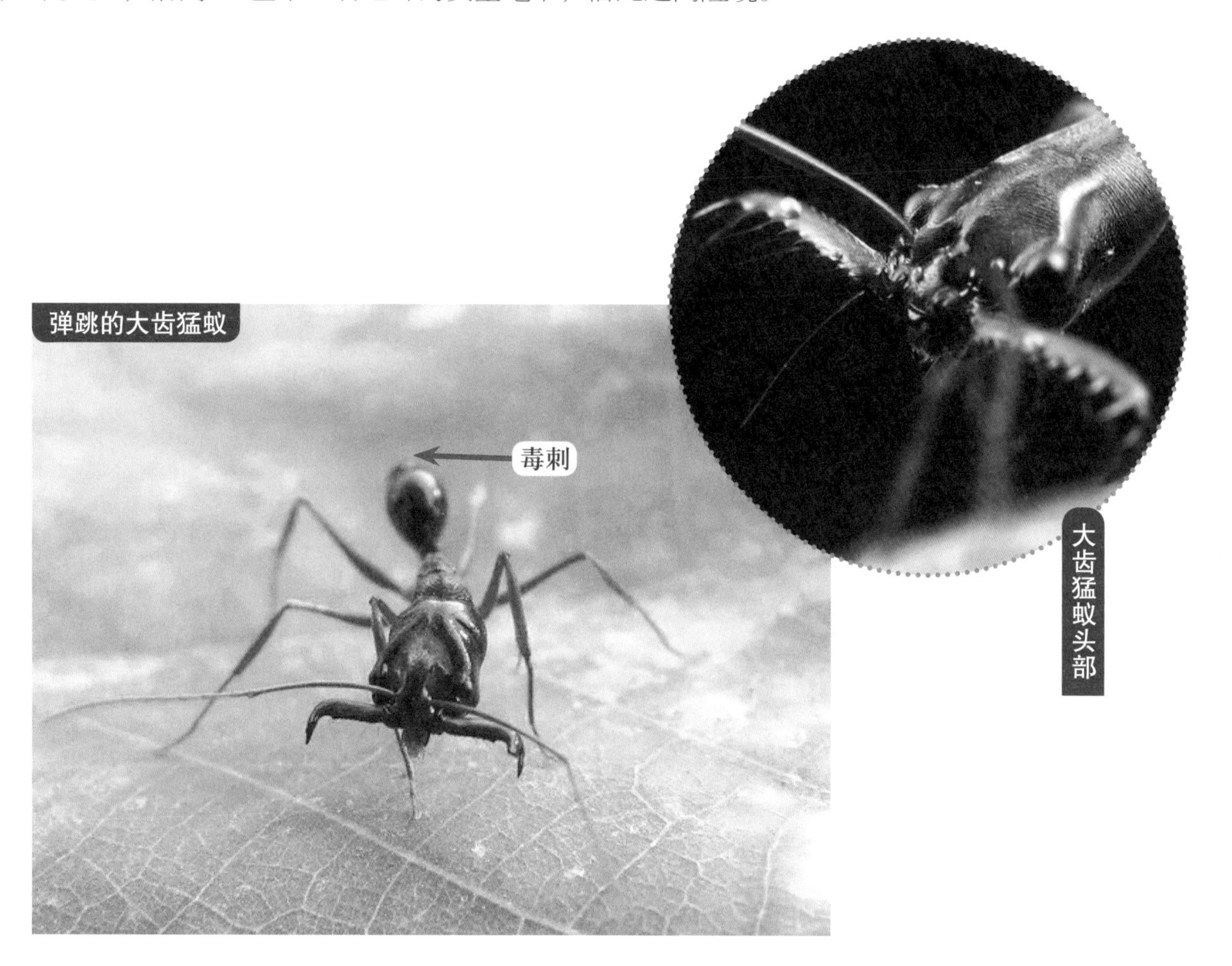

弹跳的大齿猛蚁

大齿猛蚁头部

象白蚁的长鼻型兵蚁

栖居木料中的白蚁大约有 80 种，其兵蚁身体结构发生适应性演化——上颚退化，额部向前延伸呈象鼻状。此类白蚁被统称为象白蚁，通过“象鼻”它们能喷射有黏性、有毒的化学物质。有的喷射液一经喷出便马上凝结，变成“绳索”捆住来犯之敌；有的毒液可穿透敌蚁的外骨骼，致其麻痹而丧失战斗力，以此挡住前来捕食的黄猄蚁等凶猛蚂蚁。

大小两型的长鼻型兵蚁

强颚象白蚁长鼻型兵蚁

最大最凶子弹蚁

子弹蚁生活在南美洲的热带雨林，是蜚声全球的毒蚂蚁。人被它蜇后感受到的剧痛就像被子弹射中，故将其取名为子弹蚁。它是地球上体形最大、最凶猛的蚂蚁，体长为 18—25 毫米。依仗强劲的大颚和含神经毒素的尾刺毒液，子弹蚁能单独猎捕昆虫、蠕虫、蜘蛛等，也偶尔捕食幼蛙、蜂鸟。

遭子弹蚁蜇刺者通常会因疼痛而尖叫甚至翻滚，依据科学家评比，子弹蚁引起的痛感在全球毒虫中达到“疼痛指数”最高的 4 级。

子弹蚁

子弹蚁的剧毒尾刺

剧毒的科帕收获蚁

科帕收获蚁

科帕收获蚁原产于非洲西北部干旱地区，具有在收获季节收集、贮藏草籽和谷物等作为旱季食物的习性，因而得名。这类以素食为主的蚂蚁却是世界上著名的剧毒昆虫，其毒液含氨基酸、多肽和毒蛋白，毒性比蜜蜂毒强 12 倍。一只小鼠若同时遭十几只科帕收获蚁蜇刺，可能致死。若有人遭其叮咬，剧痛可持续 4—8 小时，痛感只稍逊于子弹蚁叮咬引起的痛感，“疼痛指数”可达 3 级。

泥蜂的“麻醉剂”

泥蜂又叫细腰蜂。繁殖期间的雌泥蜂在树杈、荒地或土墙等处预先建好泥巢，然后四处飞行捕捉猎物。它用腹末的毒刺向毛虫体内注射“麻醉剂”（毒液），将被麻痹的猎物带回泥巢内，在泥巢内或毛虫体内产卵，并封盖巢口。有时一个泥巢内可能存有好几条毛虫。泥蜂注射的“麻醉剂”使毛虫像被施了魔法，既不能活动逃走，也不会死亡腐烂。泥蜂卵孵化后就一点点吃掉母蜂为之预存的营养品——毛虫。

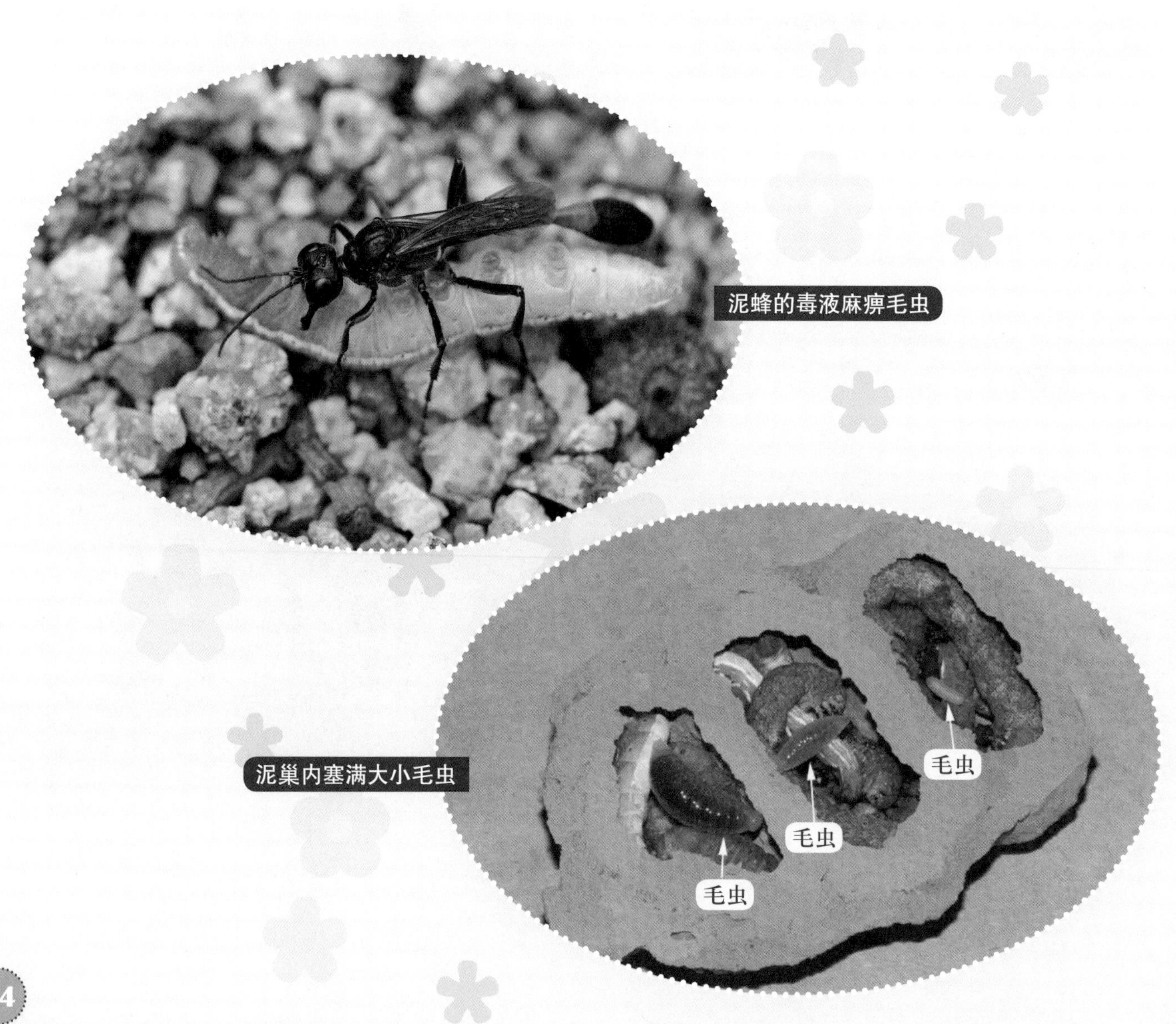

泥蜂的毒液麻痹毛虫

泥巢内塞满大小毛虫

自杀式行刺的蜜蜂

蜜蜂毒液呈酸性，毒性弱，是用来自卫或保卫蜂群及蜂巢的。工蜂常成群集体防卫。蜜蜂毒刺上有成排的细小倒刺，会在被刺者体内留下螯针、毒液囊，行刺工蜂会因内脏撕裂而死去，因此蜜蜂行刺等于自杀。人若遭少数蜜蜂蜇刺，被刺处会红、肿、痛，数小时后可消退。如果被大群蜜蜂蜇伤，会感到头晕、恶心甚至休克，必须送医救治。

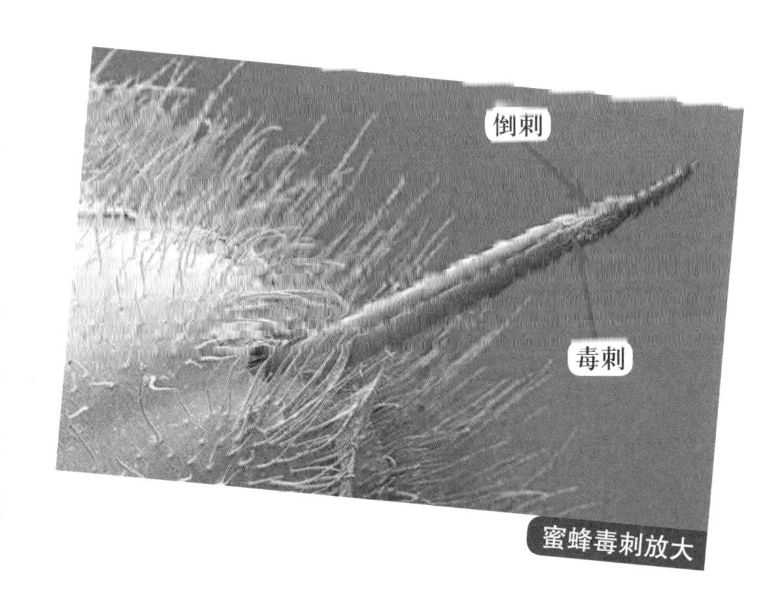

蜜蜂毒刺放大

蜜蜂工蜂行刺

大黄蜂猎杀螳螂

能连续行刺的大黄蜂

雌性大黄蜂有剧毒螯针，大颚锋利，在自然界它们是响当当的捕猎高手，同时它们的巢穴有很强的防御能力。大黄蜂的毒针无倒刺，能够连续刺叮。被叮者像遭火烧一样灼痛，刺伤部位有明显的红斑和水肿。大黄蜂的毒液中的有毒成分会扰乱人体神经系统的正常功能，引起头晕、恶心、呕吐、腹泻等症状。若是蜂群一起攻击，可致人过敏及产生毒性反应，严重者可致命。

伤人致命的虎头蜂

虎头蜂是胡蜂科中体形最大、最凶的一类，生活在东亚地区，闻名遐迩。其体色鲜明，通常黄黑带纹相间，起强烈警示作用，大颚发达，腹部末端的螯针和毒腺相连。因其凶猛如虎而且体表有虎斑纹，故被称为“虎头蜂”。一只虎头蜂只要一分钟就能把 40 只蜜蜂撕咬成碎片。雌性虎头蜂有一根 6 毫米长的毒刺，毒液成分类似大黄蜂

凶相毕露的虎头蜂

的毒液，能致人多器官功能障碍、心脏骤停和过敏性休克。在日本，每年约有50人死于虎头蜂的叮刺。

令人恐怖的杀人蜂

杀人蜂又称“非洲杀人蜂”，是欧洲蜜蜂与南非的非洲蜂杂交而产生的新蜂种，性格凶狠残暴，攻击性极强，追击其他动物包括人类可达千米之远。杀人蜂毒液的致命成分是蜂毒肽和生物胺，是工蜂毒腺分泌的淡黄色透明液体，具有收缩血管的作用，血溶性极强，对心脏损害极大，可致人休克甚至死亡。

凶恶无比的杀人蜂

毒刺超长的沙漠蛛蜂

沙漠蛛蜂属于胡蜂家族成员，多数生活在北美沙漠地区，身体深蓝色，双翅橙红色，别名“五彩蜂”。其中最厉害的种类体长达5厘米，长有一根长达7毫米的毒刺。毒液主要用来麻痹狼蛛，沙漠蛛蜂会趁机把自家的卵产在狼蛛体内寄生，卵孵化为幼虫后便一点点吃掉寄主狼蛛。因此，沙漠蛛蜂也被称为“食蛛鹰蜂”。此种蜂虽不主动攻击人类，但也偶有伤人的情况。被刺者如同遭枪弹击中，剧痛持续数分钟，疼痛的剧烈程度不亚于子弹蚁引起的疼痛。

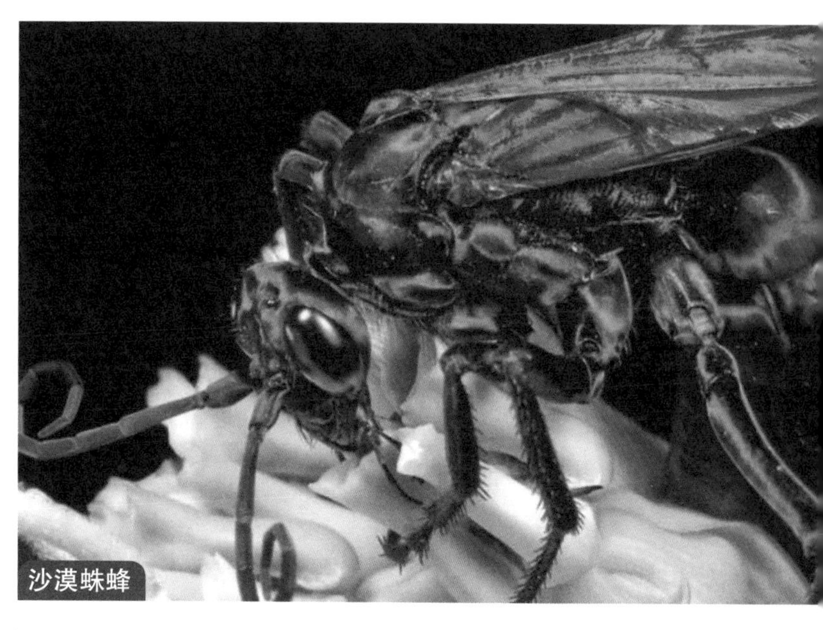
沙漠蛛蜂

蜂类家族的另类——蚁蜂

黑白蚁蜂

蚁蜂是膜翅目大型独栖昆虫，在全世界都有分布，大多生活在西半球干旱地区，共约3000种。蚁蜂粗略看有点儿像大蚂蚁，体色因种类不同而差异很大，实则为蜂类家族中的另类成员。它们全身覆盖着抵御环境干旱、减少体内水分蒸发的密集绒毛，因此又称天鹅绒蚁蜂。蚁蜂的雄蜂有翅，雌蜂无翅，其腹末有一根很长的毒刺，毒性虽不强，但刺得又深又狠，被刺者痛感强烈，只得退避，放弃捕猎。

西方绒毛蚁蜂

食毒防身的王蝶幼虫

王蝶幼虫即北美著名的黑脉金斑蝶幼虫，常群集生活，以有毒植物萝藦（mó）科马利筋为食。马利筋全株有毒，其白色乳汁毒性更强。王蝶幼虫通过取食这类有毒植物叶片，吸收毒物成分强心苷（gān）存于体内。其外表带有鲜明的警戒色，让食虫鸟类望而却步，是食毒防身的一类幼虫。

王蝶幼虫

万恶吸血雌蚊

雌蚊将口针刺入寄主皮肤吸血前，会先注射一种生物化学物质——抗凝血剂，使寄主被刺部位的血液不会凝固。这样一来，这只吸血的寄生虫便能源源不断地吸足鲜血了。人被雌蚊刺叮后皮肤红肿瘙痒，若抓破易感染溃疡。蚊子还是多种疾病的传播媒介。

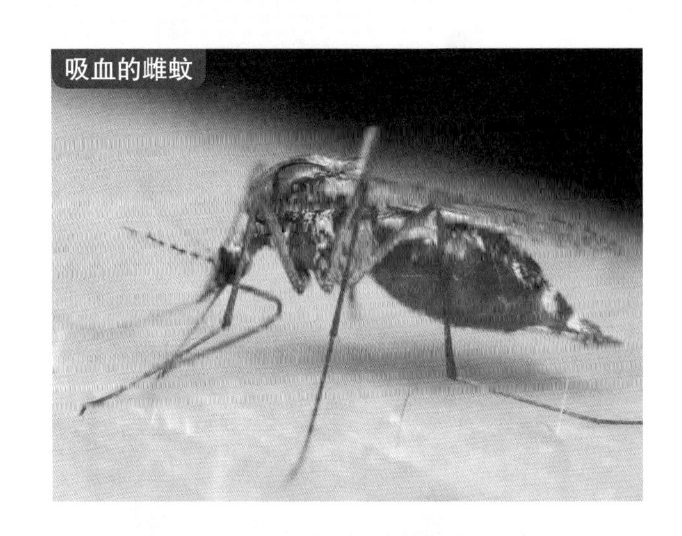
吸血的雌蚊

会飞的“蝎子”——蝎蛉（líng）

蝎蛉成虫头部向腹面延伸，呈长长的宽喙状，雄蝎蛉腹部末端变成罕见的蝎尾状，因此得名蝎蛉。蝎蛉的嘴长在它那延长的头部的末端，主要取食节肢动物尸体或其他腐烂的有机物质。蝎蛉家族中蚊蝎蛉有毒，可分泌一种毒唾液。蚊蝎蛉的唾液毒性虽不强，注入小动物体内也能将其麻痹。

蝎蛉

臭味浓烈的草蛉

臭味如同毒物，也是昆虫的化学武器。草蛉受到惊扰或威胁时，体内的臭腺会分泌臭味物质。这种迅速挥发释放出的刺鼻腐臭味，浓厚且持久难消。草蛉的臭与生俱来，幼虫已有臭味，变为成虫后臭味越发浓烈。臭味是草蛉保命奇方，掠食者对它们毫无胃口，所以这种美丽的小虫靠臭腺和臭气平安过日子。

草蛉成虫

令人作呕的怪味瓢虫

弱小的瓢虫身体无御敌装备，遭到天敌侵犯时，它使出的避敌招数是从6条腿的关节缝隙渗出黄色汁液。这种汁液含有能够散发出一股辣臭味的有机化合物，使来犯者闻之恶心，食欲全无，食虫鸟类闻到也“退避三舍”。瓢虫的这种化学防御有奇效，而令人惊奇的是，自然界竟然有八条腿的蜘蛛拟态六条腿的瓢虫，同样活得安全自在！

七星瓢虫

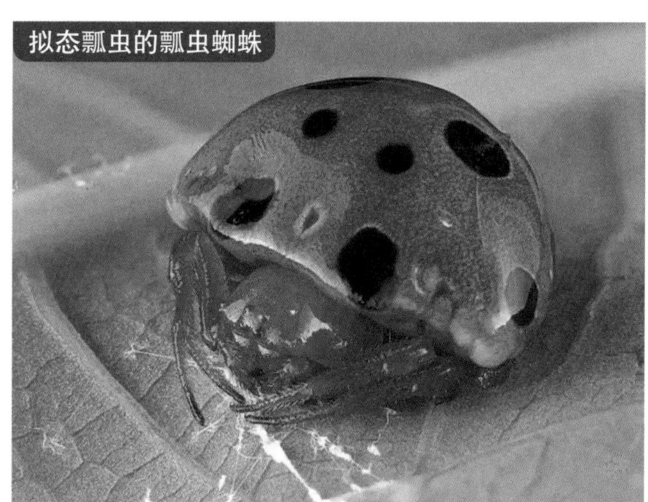
拟态瓢虫的瓢虫蜘蛛

臭遍世界的臭虫

臭虫

臭虫虫如其名，成体有一对开口于后胸腹面的臭腺，能分泌奇臭难闻的液体，起到自卫和促进雌雄交配的作用。臭虫爬过的地方也会留下难闻的臭味，因此臭名昭著。臭虫是世界性分布的吸血寄生虫，吸血时为防止寄主血液凝固，以口器把刺激性碱性液体注入人体，使人被叮刺部位红肿奇痒。

臭名远扬的“臭大姐”

麻皮蝽

这种昆虫大名麻皮蝽（chūn），分布广泛，因会释放极端难闻的臭味而人尽皆知，其俗名又叫臭大姐、放屁虫等。成虫的臭腺开口在后胸侧板近后足基节处。当它受到惊扰时，体内的臭腺分泌出具有挥发性的臭虫酸，经臭腺孔弥漫到空气中。臭腺是臭大姐保命护身的“法宝”，释放臭味是其自卫的奇招，凭此可以躲避天敌，避免被鸟类、蜥蜴、蜘蛛以及捕食性昆虫等吃掉。

臭味十足的荔枝蝽

荔枝蝽是臭大姐的近亲，多见于中国南方果树区，危害果树。荔枝蝽成虫身体呈黄褐色、盾形，臭腺开口在后胸侧板近前方处。自低龄若虫期开始，荔枝蝽就有相当浓烈的臭味，成虫更是臭味十足。它们受惊扰时会喷射臭液，以驱赶来犯天敌。人体皮肤或眼睛若触及其臭液，会又痛又痒。

二龄后荔枝蝽若虫

荔枝蝽成虫

又香又臭的九香虫

九香虫是臭蝽的近亲，也是著名中药用昆虫，体长1.7—2.2 厘米，成人指甲般大小，身体多呈紫黑色。九香虫身体含蛋白质、脂肪、甲壳质、微量元素等。其脂肪中含有棕榈酸、硬脂酸、油酸，为香味来源；臭味源于体内的醛（quán）或酮（tóng）。中国古代药典记述此虫具有多种药用价值，沿用至今。

九香虫

恶臭无比的埋葬虫

埋葬虫全球近 200 种，是食性特殊的甲虫，以动物的腐尸及蛆虫为食。它们会同时不停地挖掘尸体下方土壤，把尸体埋在地下，留给其后代食用，因此得名埋葬虫，又名葬甲虫、食尸虫。它们身上沾染腐尸的恶臭，遭受惊扰时，还会排出一堆散发更浓烈臭味的粪液以驱敌。葬甲虫和粪甲虫一样对环境有益，它们都是大自然的清道夫。

埋葬虫爱吃腐尸

埋葬虫埋葬死鼠

成群结伙，虫多势众

昆虫聚集成群生活的情景很常见。成群结伙是许多种类昆虫的生活方式，也是它们得以世代繁衍、生存至今的成功策略。集群可减少被捕食者发现的概率，也可减少个体遭到捕杀的概率。有些昆虫靠聚集成群提高繁殖率。集群迁移的昆虫，例如王蝶，生存需要较高体温，必须成群结伙并且相互紧紧依偎，所以它们飞行和停息都是成群结伙的。

很多昆虫并不是一生都成群结伙的，有的仅在幼虫阶段群聚，例如天幕毛虫幼虫；有的则在成虫期群聚，例如蜉蝣（fú yóu）、瓢虫。昆虫临时性偶然集群的原因不尽相同，与获取食物、寻找配偶、抚育后代、共同御敌、过冬御寒等有关。而害虫临时性集群期间通常是对其集中防治的好时机。

天幕毛虫集群

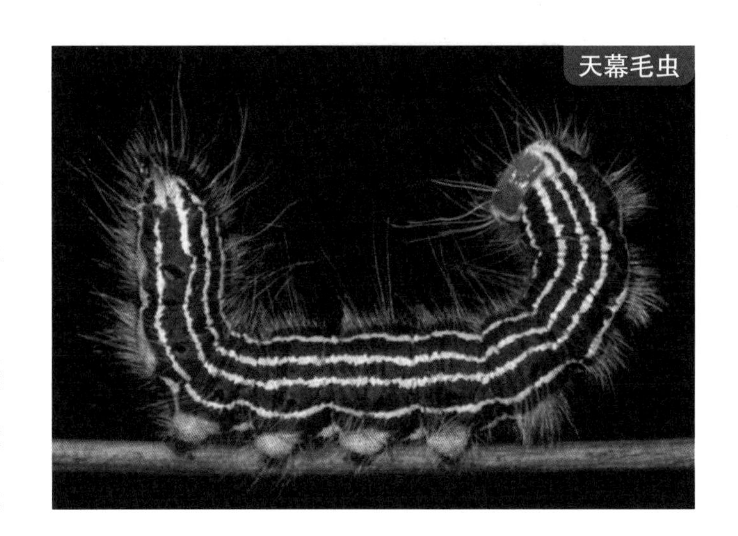
天幕毛虫

有数百种鳞翅类昆虫幼虫具有集群结网的习性。例如天幕毛虫低龄幼虫在树杈处吐丝结网，白天成群潜伏于网巢内，其丝网大如“帐篷”，故称天幕毛虫。它们夜晚在附近小枝上取食嫩芽幼叶，一旦受到天敌威胁，便迅速爬动，全身的条纹如迷彩般晃动，使入侵者惊疑不定。要是这招不灵，天幕毛虫还会跃起悬挂在自己吐出的“急救丝”上，扭动身体使天敌难以下口。

一群天幕毛虫

舟蛾幼虫集群

舟蛾幼虫是苹果树的常见害虫，低龄幼虫常集群生活，取食同一枝条上的叶片，遇惊扰时则成群吐丝下垂。舟蛾幼虫长成 3 龄幼虫后食量增大，开始分散取食，严重危害果树叶片。它们栖息在枝条上时头尾翘起，形状似小舟，故称舟形毛虫。

舟蛾幼虫群聚

舟蛾幼虫

栎（lì）树列队蛾幼虫集群

这种昆虫的成虫（飞蛾）并不起眼，但其幼虫群居生活的情景令人见了印象深刻。幼虫以栎树（通称橡树）叶为食，夜间集体爬行，从树冠处的巢穴爬到觅食处。幼虫成长经历 6 个龄期，从第 3 龄起体表开始长出毒毛，人们不小心接触或吸入其毒毛，可导致严重的皮肤过敏甚至引发毛虫皮炎。

栎树列队蛾幼虫集群

一群瓢虫成虫

成体瓢虫群聚

瓢虫成虫身体呈鲜红警戒色，聚集成堆可加强视觉冲击力，增加警戒功效。每年秋季天气变冷时，多只瓢虫成虫靠信息素彼此联络，群聚在一起。它们在背风向阳处聚集越冬，抱团取暖，待到度过寒冬、气候变暖后，即散群分开，各自生活。

棉红蝽群聚

棉红蝽群聚

棉红蝽与其他蝽类家族成员一样，体内有臭腺，能够分泌臭液，是许多捕食者不屑于“光顾”的昆虫。它们全身呈醒目的鲜红警戒色，群聚使这类小虫更显眼，能增强警戒力度。它们好像在宣告：“本虫臭不可食，别来打扰！”

红脊长蝽群聚

红脊长蝽属于长蝽科，体内有臭腺，体长约10毫米，身体基本色调为红色，翅上长有黑色大斑。这种蝽类的群聚是临时性的。它们的卵成堆产于土缝里、石块下，幼虫和成虫群聚于植物嫩茎、幼叶处，刺吸植物汁液，危害作物。

红脊长蝽

红脊长蝽密集群聚

靠“信息素”群聚的蟑螂

蟑螂是群居昆虫。在一个栖居点常可见到少则几只，多则几十、几百只蟑螂聚集在一起。这主要是由于蟑螂信息素起诱集作用。蟑螂成虫和幼虫都能分泌一种“聚集信息素”，通过散发这种“聚集信息素”吸引同伴。蟑螂成群生活，繁殖率更高，后代更安全。

蟑螂群聚

蜉蝣成虫群聚婚飞

蜉蝣是最原始的有翅昆虫，全球已知约 50 种。幼虫可在水下生活 1—3 年，成虫在陆地只可存活几小时，最多几天，因而有“朝生暮死”的特点。蜉蝣成虫寿命虽短，但某些地区有时爆发大规模婚飞，场面蔚为壮观，很快蜉蝣便纷纷死亡。2014 年 7 月美国密西西比河流域、2015 年匈牙利蒂萨河畔、2022 年 9 月初中国湖南沅（yuán）江等地都曾出现数以百万计的蜉蝣漫天飞舞的景象。

蜉蝣成虫

大群蜉蝣漫天飞舞

黑脉金斑蝶越冬群

黑脉金斑蝶是全球著名的一种蛱（jiá）蝶科斑蝶，俗称帝王蝶。作为极少数能够长途迁飞的昆虫，帝王蝶为了规避不良环境，更好地生存和繁衍而集群迁飞。它们会成群行动，准确往返于繁殖地与越冬地，夏季北飞，到美国、加拿大繁殖；冬季南迁，结群飞至墨西哥境内。帝王蝶群体集中在越冬地自然保护区占地面积不到 20 公顷的森林中，形成了最大的单一物种聚集群。数以百万计的帝王蝶聚集在它们栖息的树上，有时到地面饮水。

帝王蝶群迁飞途中

越冬地聚集的帝王蝶群

有些种类昆虫集群情况特殊，起先散居生活，随后在环境变化胁迫下，其形态、生理和行为产生变化，成为群居型，例如东亚飞蝗、沙漠蝗等。一旦形成群集，往往成群远距离迁飞。这类群聚不同于临时性集群，可以说，已经接近永久性集群。

昆虫世界中的永久性集群，包括蜜蜂、某些种类黄蜂，以及所有种类的蚂蚁和白蚁。在这类集群中所有个体的存活期都呈现群体模式，群中所有个体紧密联系、相互依存，过着分工合作、各司其职、不离不弃、生死与共的有组织的社会生活，是真社会性昆虫。终生群居性昆虫牢固稳定的集群形式，是进化过程中形成的，是基因控制的本能。成群结伙使得微不足道的昆虫个体，聚集成能量巨大、称霸世界的“昆虫帝国”。

会迁飞的群居型飞蝗

顾名思义，飞蝗是会长距离迁飞的蝗虫。全世界已知 9 个飞蝗亚种，中国有东亚飞蝗、亚洲飞蝗和西藏飞蝗三个亚种。东亚飞蝗具有散居型和群居型两种生活型，两型可互相转化。群居型飞蝗的卵孵化后，蝗蝻（蝗虫的若虫）聚集集体行动。一旦环境条件适宜，蝗虫数量多了，双翅长成，聚成大群，即暴发成灾，飞到一地，吃光一片。东亚飞蝗是中国历史上成灾最严重的大害虫。

群居型东亚飞蝗

东亚飞蝗危害农作物

难以控制的沙漠蝗群

沙漠蝗是比东亚飞蝗更凶猛的迁飞蝗类，能由散居型变为群居型，具有暴发性、迁飞性，对农作物会产生毁灭性的伤害，是世界上最具破坏性的大害虫。它历来是肆虐北非、中东及西南亚数十个国家的农业大害蝗，也是人类至今未能有效控制的昆虫之一。一个规模为 1 平方千米的群体含有约 4000 万只成年沙漠蝗。它们一天嚼食的作物量相当于 3.5 万人一天的食物，对世界粮食安全构成巨大威胁。

沙漠蝗

沙漠蝗群过境，蝗灾来了

熊蜂的社会性集群

熊蜂是蜜蜂科的一个支系，世界已知500余种，广泛分布在北半球的温带及亚寒带，能适应寒冷、湿润的气候。熊蜂个体大而粗壮，全身都有浓密的黑色、黄色等多色长毛。熊蜂是社会性昆虫，群内有雌性蜂王、工蜂、雄蜂。与蜜蜂不同的是，野生熊蜂蜂王在野外单独休眠越冬，来年春暖花开才出蛰繁殖建群；而野生蜜蜂全在蜂巢中，集成蜂团靠吃储备的蜂蜜越冬。野生熊蜂工蜂采集多种植物的花粉、花蜜，对农林作物、牧草、中草药以及野生植物的传粉起良好作用。有些国家和地区已成功人工繁殖熊蜂，用来协助作物传粉。

熊蜂访花采蜜

巢内的熊蜂群

典型社会性昆虫——蜜蜂

蜜蜂群体由蜂王、雄蜂和工蜂共同组成。一群蜜蜂可能有成千上万只，它们共同聚集生活在一个蜂巢里面。工蜂负责采集花粉和花蜜并酿造蜂蜜；雌性蜂王负责产卵繁殖，并分泌蜂王信息素主宰蜂群活动；雄蜂负责与准蜂王交尾（之后雄蜂死亡）。蜜蜂蜂群中的任何个体离开群体都不可能生存。

蜜蜂群体组成

右图：蜂王
下图：蜂王、雄蜂、工蜂体形对比

蜂王　雄蜂　工蜂

巢内蜜蜂群

筑巢群居的胡蜂

在黄蜂家族中，胡蜂属于群居性蜂类，群体以筑巢为生，每群都由雌性蜂王、工蜂和雄蜂组成。与蜜蜂只吃花粉花蜜不同，胡蜂为杂食性昆虫，主要以小型昆虫如蛾、蝶等鳞翅目昆虫的幼虫为食，有时捕食蜜蜂，也会采食植物的花蜜。胡蜂全群集体照管幼蜂，集体防御，保卫蜂王及巢窝。

蜂巢里的胡蜂

完全社会性昆虫——白蚁

全球已知有3000多种白蚁，它是最具组织严密性的社会性昆虫。白蚁的群体组成比蜜蜂更多样，基本成员有工蚁、兵蚁和繁殖蚁，但其中又包含若干类型。繁殖蚁有长翅型、短翅型及无翅型。成熟长翅型繁殖蚁集体飞出蚁穴寻找配偶，创建新的白蚁群体。它们在蚁穴附近漫天飞舞，是为“婚飞”。超强繁殖力和建筑坚固的白蚁丘，是白蚁长盛不衰的生存对策。尽管白蚁天敌很多，“城堡”也经常被攻破，成员大批遭捕杀，但群体很快就能恢复，巢穴很快就能被修复。这些都彰显这类社会性昆虫的巨大潜能。需要指出的是，白蚁是地球生态系统不可缺少的重要分解者，也是众多肉食性动物的基础营养来源。

白蚁群体组成

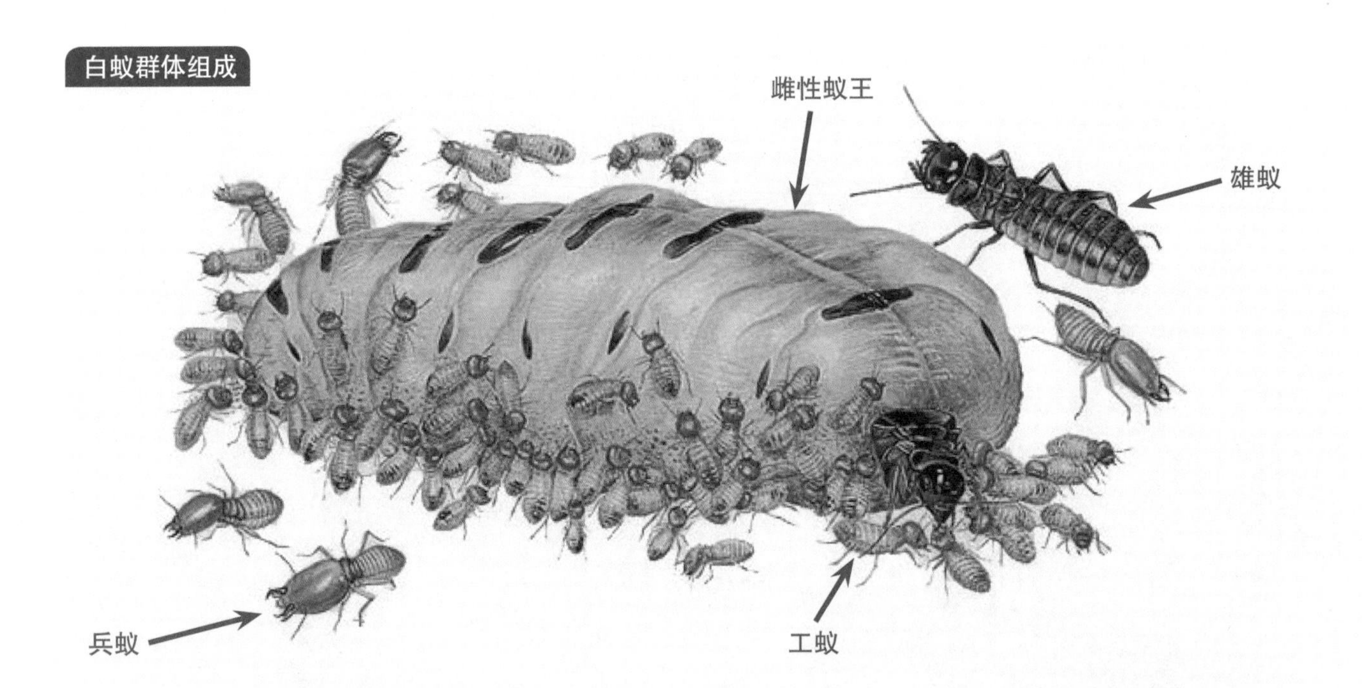

白蚁群中的长翅型繁殖蚁

长翅型繁殖蚁夜间婚飞

能征善战的马塔贝勒蚁群

马塔贝勒蚁生活在非洲热带地区，数量庞大，是肉食性蚁类。它们必须经常觅食和捕猎，是自然界最有效率的掠食者。其理想猎物是群居的白蚁，征战的武器是强力的大颚和剧毒的尾刺，连人类也常怕了其蜇刺。马塔贝勒蚁群出动前，先派出侦察蚁。找准目标后，蚁群有时出动几百精锐，攻破白蚁巢窝，掠取数千白蚁回巢，分享给巢内成员；有时出动数以万计的大军，强势进攻，沿途所有动物都难逃其围攻和撕咬。开战的马塔贝勒蚁群势不可挡，终能攻破坚固的白蚁城堡，但通常入侵十几分钟，大获全胜后便会撤回，残存白蚁巢群尚可恢复。从生态角度来说，这对于捕食者和猎物都有好处。

马塔贝勒蚁群合力围攻一只白蚁兵蚁

一只马塔贝勒蚁打包成捆战利品回巢

“游牧四方”的行军蚁群

行军蚁是地球上最成功的社会性昆虫，是过“游牧”生活的蚂蚁，也是捕食效率极高的肉食性凶猛杀手。它们不像别种蚂蚁那样捕猎前派出侦察蚁，而是百千万只汇成河流似的队伍，一起搜寻猎物。工蚁群擅长集体用毒制服被捕者，兵蚁具有一对猎杀利器——镰刀状大颚。一群行军蚁每天能杀死 3 万只昆虫，吃光了一片地方便转移到另一处。行军蚁群克敌制胜的法宝是严密的组织及毒液，再大的猎物它们也敢群起蜇刺。它们集中攻击麻痹大猎物，接着分割共享，然后吃个精光，最后继续游牧行军……

行军蚁兵蚁大杀器——镰刀状大颚

工蚁成群合伙捕猎

过树栖生活的黄猄（jīng）蚁群

黄猄蚁属于缝叶蚁家族成员，是典型的过树栖生活的社会性昆虫。它们吃住都在树上，成群捕食其他昆虫或小动物，集体协力用鲜活树叶缝制栖居的叶巢，工蚁会口衔幼蚁吐丝黏结、加固叶巢。这种罕见的行为生态说明了黄猄蚁能够使用“工具”，是智慧超群的社会性昆虫。为了家族的生存和繁衍，黄猄蚁群体成员的分工与合作之默契度达到令人叹为观止的地步。一个黄猄蚁数量多达几万只的蚁群能建造多个叶巢。它们分为小群居住，密切联系，相互照应。黄猄蚁历来是柑橘园中害虫的天敌。几百年前，中国果农就懂得保育并应用它们防治柑橘害虫。这也是世界上生物防治害虫的先例。

黄猄蚁口衔幼蚁来吐丝加固叶巢

黄猄蚁群合力拉拢叶片以建巢

养殖真菌的切叶蚁群

切叶蚁也是著名的过集群生活的社会性昆虫。与其他蚂蚁群体不同的是，它们不以自然界现成的动植物为食，而是每天跑到离巢 100—200 米的远处，爬上喜爱的树木，用发达的上颚切割叶片，再由一只只工蚁一次次搬动远超自身体重的叶片或花瓣回巢，作为养殖真菌的基本原料。由于分工合作，养殖真菌的系统工程进行得井井有条：大型工蚁负责切割叶片，中型工蚁负责往地下巢窝运叶片，小型工蚁则在巢内菌圃加工嚼碎叶片，兵蚁负责保卫雌性蚁王和菌圃。切叶蚁的速度和体能都非常惊人，智力高于一般蚂蚁和普通昆虫。它们利用搬运回巢的材料建造菌圃，养殖白环菇类真菌，以营养丰富的菌丝喂养群中幼蚁和蚁王。可以说，切叶蚁是地球上最早的真菌养殖者。

切叶蚁切下一块叶片

切叶蚁群的菌圃，白色物为菌丝

运叶片回巢的切叶蚁群

以身贮蜜的蜜蚁群

蜜蚁又称蜜壶蚁、蜜罐蚁，产于非洲、澳大利亚和北美沙漠等地，是一类以独特方式应对生境季节变化的社会性昆虫。它们最喜爱的食物是花蜜或其他甜食。与大多数蚁类不同，它们不在窝巢中存储蜜液，而是将其存储在身体嗉（sù）囊内。蜜蚁群体同样由蚁王、雄蚁及工蚁组成。最奇特的是，群中部分工蚁自愿担负专职贮蜜任务。考察得知：一个数千只蜜蚁的群体就有多达 1500 只贮蜜工蚁。当蜜源充足时，贮蜜蚁嗉囊内会存满蜜液，它们胀得腹大如球，行动不便，只得倒挂在蚁巢顶壁。当食物短缺时，贮蜜蚁便回吐出蜜液，供给同伴充饥，群体共同度过旱季。

一只贮蜜蚁

地下巢穴中的贮蜜蚁群

凶猛贪吃的牛蚁

牛蚁（牛头蚁）是生活在澳大利亚的大型原始蚂蚁，共有接近 100 个物种。牛蚁群体的社会生活有其特色，不仅成年牛蚁是肉食性的，幼蚁也要吃肉、吸肉汁才能长大。工蚁常结成小群，合作猎捕较大的猎物，然后一起带回巢窝喂养幼蚁。有时它们捕获到大型猎物，例如蜈蚣、大甲虫，但要把猎物拉到一米深的育幼室太不容易，这时，工蚁就会把幼蚁一只只搬到洞口来享用肉食，然后再把它们送回育幼室。

牛蚁在洞口

牛蚁合作捕猎

疯狂繁殖，以量取胜

昆虫家族繁荣昌盛，一靠生存有道，二靠大量繁殖。昆虫家族具有极其多样的生殖方式，除了常见的两性生殖外，还有孤雌生殖、卵胎生、幼体生殖、多胚生殖等。多样化的生殖方式使昆虫在多种条件下都能大量繁殖，后继有“虫”。

绝大多数种类昆虫以两性生殖的方式繁衍后代。雌虫产下受精卵，卵在适宜的环境中孵化，发育为新个体，如蝗虫、甲虫、蛾蝶类等。有些种类的昆虫，其雌虫产的卵未经受精也能正常发育为后代，这被称为单性（孤雌）生殖，例如蓟（jì）马、蚜虫、竹节虫等。舌蝇的卵在母体内受精、发育，直到孵化为幼虫才产出，这被称为卵胎生。一些瘿（yǐng）蚊类昆虫在幼虫期就能孤雌生殖，这被称为幼体生殖。膜翅目昆虫中的某些寄生小蜂，一粒受精卵可分裂成许多胚胎，每个胚胎可发育成一个新个体，这种生殖模式称为“多胚生殖”。

昆虫进化出多样化的生殖方式，适应各种环境，尽可能多地繁殖后代。快速大量繁殖无疑是它们称霸世界的法宝。

蟑螂的快速繁殖

蟑螂及其卵鞘

一只交配过的成熟雌蟑螂每隔 7—10 天就能产出一颗内含数十粒受精卵的胶质卵鞘（qiào）。卵鞘的保护增加了卵的存活率。只要满足蟑螂滋生需要的温度、湿度、食物和多缝隙栖居场所，一只蟑螂一年就可繁殖上万只后代，德国小蠊的年繁殖量更是多达十万只。凡是有人类居住的地方，蟑螂就能入侵、生活和繁殖。蟑螂繁殖速度快是其泛滥成灾、难以消灭的重要原因。

具有两种生殖方式的竹节虫

有些种类的竹节虫进行有性生殖，雌性竹节虫将卵产在树枝上，通常经一两年孵化出幼虫。另有些种类的竹节虫迄今未发现其雄性个体，完全由雌性个体组成。此类雌虫无须与雄虫配对，可自我克隆产卵，以孤雌生殖繁衍后代。产下的未受精卵孵化出的都是雌虫，这些雌虫又能继续繁衍后代。加拿大科学家研究发现，北美洲西海岸灌木丛中的一种矮竹节虫，无性生殖的历史已超过百万年。研究人员正在对这种矮竹节虫的基因进行分析，希望以此找到动物无性生殖的奥秘。

竹节虫无性生殖

竹节虫有性生殖

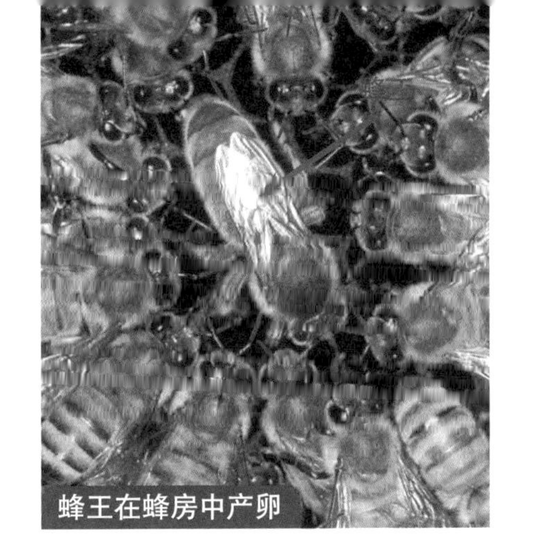
蜂王在蜂房中产卵

巢内工作的蜜蜂

蜜蜂繁殖调控有术

蜜蜂既能有性生殖，也能无性生殖。雌、雄蜂交配以后，雄蜂死去，雌蜂获得的精子足够其一生为卵授精。蜂王通过产受精卵或未受精卵调控后代的性别比例，其在雄蜂房产未受精卵，发育成雄蜂；在工蜂房和蜂王房产受精卵，发育成工蜂或准蜂王。

繁殖狂魔——蚜虫

蚜虫进化出了十分成功的快速生育模式。每当春夏季来临，植物繁茂，蚜虫食物丰足，越冬卵全部孵化为雌性干母。干母是蚜虫卵越冬后孵化出的能进行孤雌生殖的一种蚜虫。干母生出的不是卵，而是鲜活的幼蚜。更神奇的是，这些幼蚜体内已孕育有新一代胚胎，刚出生就已身怀有孕，很快也能

蚜虫孤雌生殖

巨量生殖，蚜虫成灾

孤雌生殖下一代。在生境条件合适的地区，蚜虫的孤雌生殖在一年中可完成 20—30 个世代。秋冬季来临，气温下降、草木枯黄，这时雌蚜才会生下雌雄有性后代。雌雄蚜虫发育成熟，经配对后雌蚜虫产受精卵越冬，到第二年春季又能孵出一批雌性干母，展开新一轮争分夺秒的孤雌生殖。小小蚜虫疯狂繁殖，成为地球上极具破坏性的害虫。

瘿蚊的幼体生殖

瘿蚊科种类的昆虫全球已知约有 4000 种。其中，许多种类的幼虫在植物上形成虫瘿，因而被统称为瘿蚊。部分种类瘿蚊的幼虫直接就能繁育后代：幼虫体内的卵细胞孤雌发育，产生若干新一代幼虫进入母幼虫体腔取食，最终致使母幼虫身体破裂，新一代幼虫逸出。幼体生殖兼具胎生及孤雌生殖的特色，完成一个世代的时间极短，具有迅速扩大种群数量的优势。

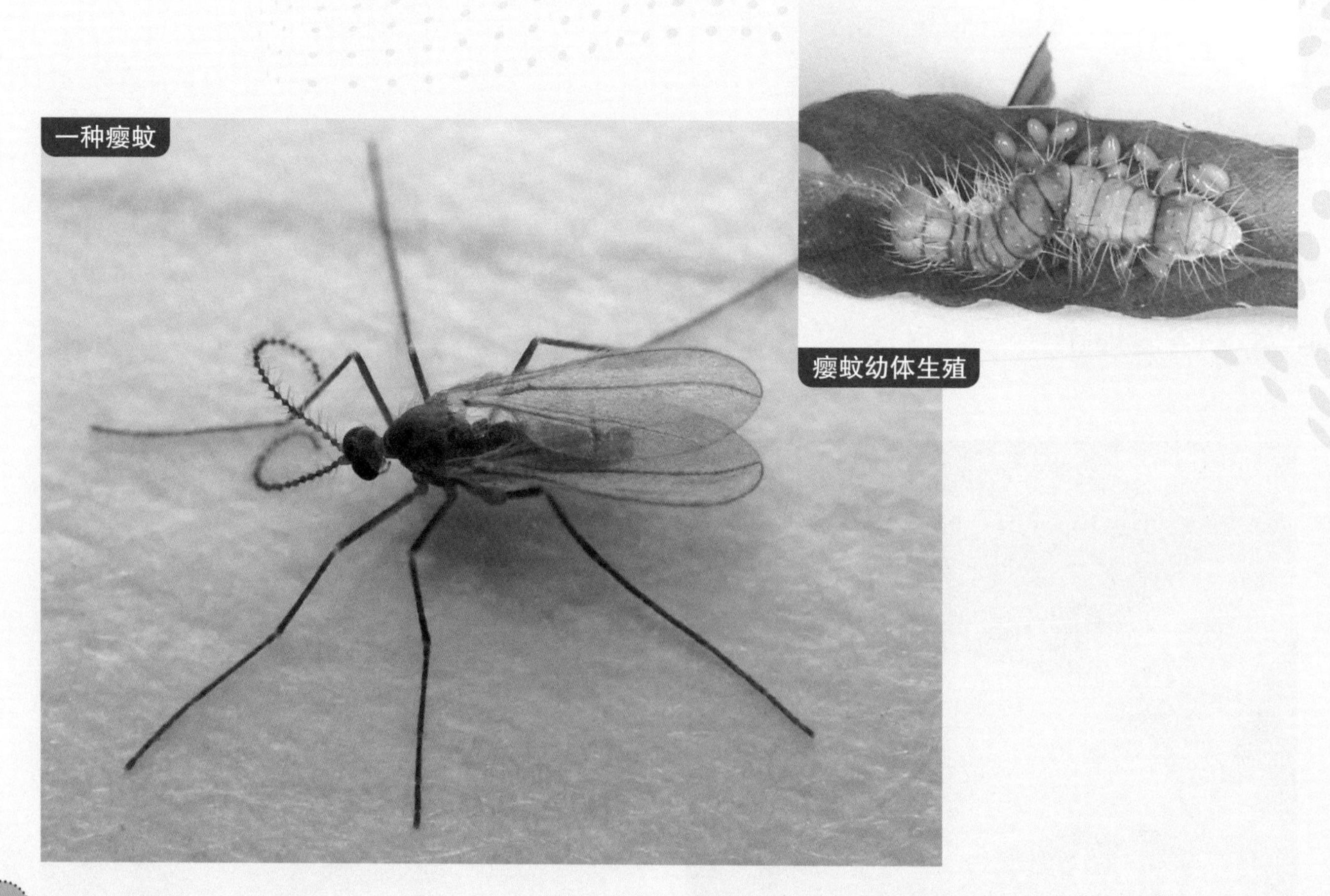
一种瘿蚊

瘿蚊幼体生殖

跳小蜂的多胚生殖

跳小蜂有多胚生殖的机能，它产在寄主体内的卵可分裂成多个独立胚胎，多的可分裂成2000多个。多胚跳小蜂所寄生的夜蛾幼虫、棉铃虫，体内充满了跳小蜂幼虫，寄主死后变成膨胀的黄褐色干硬尸体。跳小蜂幼虫在寄主体内化蛹、羽化，咬破寄主皮壳飞出。

一种跳小蜂

天文数字级的白蚁繁殖量

最大的白蚁蚁后长约5厘米，是一条巨大肥胖的虫子，其腹内充满待产的卵。它进入稳定产卵期时，每隔几秒就产一粒卵，一直不间断，一天能产2万多到3万粒。每只白蚁蚁后一生估计能产几亿个后代。因种类不同、生境差异及寿命长短，白蚁产卵数量有所差别。白蚁处在生态系统食物链底层，强大的繁殖能力才能抵偿被捕食的损耗，保障种族的延续。

“生殖机器”——白蚁蚁后

舌蝇的卵胎生

舌蝇又叫采采蝇，是一种以吸食人类、家畜及野生动物的血液为生的寄生虫。舌蝇卵在母体内孵成幼虫，幼虫以母蝇子宫壁的乳腺分泌的营养液为食，单个发育。若是母舌蝇吸足寄主血液，则每隔 10 天可生出一只发育成熟的幼虫。幼虫产出落地后即钻入土中化蛹，数周后羽化为成虫。舌蝇的这种卵胎生方式也被特称为腺养胎生。

腹内怀有“胎儿”的母舌蝇

沙漠蝗的繁殖

沙漠蝗之所以会成为灾难，主要因其超强的繁殖率（还因其特别能吃和能长距离迁飞），只要气候合适、食物充足，幼虫 2—4 周就能迅速成熟。雌雄配对后，雌沙漠蝗大量产卵，卵被分泌物黏结形成保护性卵荚，每个卵荚含卵 20—100 粒，足见其繁殖能力之强。例如东非的一次沙漠蝗灾，蝗群绵延 200 多千米，个体数达到 1000 亿只。它们依靠信息素集结在一起，循着植物的气味迁移，或靠感官指引方向，能够准确找到新的觅食地点，破坏力十分惊人。

聚集成群的沙漠蝗蝻（nǎn）

药剂灭杀的沙漠蝗尸横遍野

保护后代，昆虫有“爱”

母爱并非人类的专利，兽类、鸟类等高等脊椎动物对后代哺育和关爱的实例不胜枚举。和昆虫同属节肢动物门的母中华狼蛛及母钳蝎，都有背负、保育其弱小幼仔的母爱表现；许多种类的母蜘蛛会把自己的卵囊昼夜携带在身边。那么，小小昆虫在护卵、育幼、保护后代方面有无母爱表现呢？答案是肯定的。实际上，已有不少科学家经过细致的考察和研究，发现一些相关实例，证明某些昆虫有“爱”。昆虫的母爱或父爱旨在保证种族的延续，保护后代比保护自身更为重要，是利于族群生存繁衍的一项重要对策。

古昆虫卡拉划蝽的“母爱”

中国科学院南京地质古生物研究所研究员新近发现，1.65 亿年前古昆虫卡拉划蝽的化石，清晰显示了其部分雌性个体的左中足上有 5—6 行紧密排列的卵，以卵柄附着在胫节上。学者指出，卡拉划蝽中足携卵的行为无疑是一种“母爱”。它们以此保护后代，有效防止产下的卵干燥和缺氧，对繁殖和演化具有重要意义。这次发现将昆虫育幼行为的最早时间直接提前了近 4000 万年。

卡拉划蝽生态复原图

雌草蛉的护卵丝柄

卵的存活关系到草蛉家族的繁荣与昌盛。雌草蛉选择在蚜虫多的叶片、枝条上产卵，使得幼虫孵化后身边就有充足的猎物（蚜虫）可捕食。最奇特之处还在于，雌草蛉产出的每粒卵都带有一条长长的丝柄，这太有意义了。这样既可避免天敌侵害卵，也免得习性凶猛的草蛉幼虫（蚜狮）一出生就互相残杀。

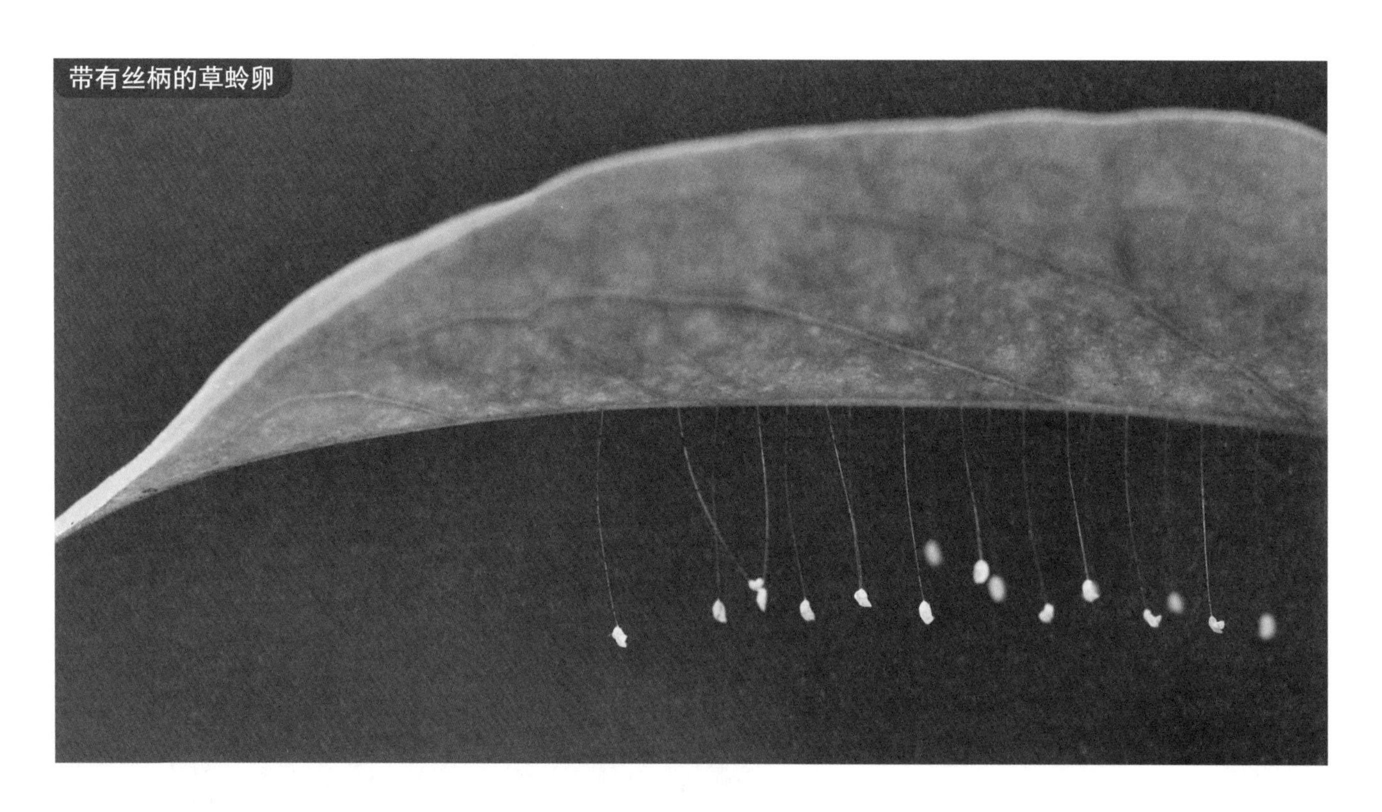
带有丝柄的草蛉卵

屎壳郎为后代做粪球

屎壳郎大名蜣螂。到了雌虫要产卵的时候，它们迫不及待地将制作粪球当作生活中的要务，急忙寻找草食兽的新鲜粪便，忙碌地把粪便切开、揉搓成一个个大粪球，然后不辞辛劳地把粪球搬运到适宜的地穴中去。粪球可以保鲜并锁住里面的营养素。雌蜣螂把卵产在粪球里，卵孵化为幼虫后，立刻就可以吃到蜣螂妈妈为它们预备的营养食物。

蜣螂推粪球

蜣螂幼虫——蛴螬（qí cáo）

蠼螋（qú sōu）妈妈护卵育幼

蠼螋又称夹板虫，全球已知近 2000 种。雌蠼螋配对后利用天然缝隙，或在地下挖掘修整好一个 8—10 厘米深的地洞，在洞里产下 20—50 粒卵。之后它便守在旁边，清理和翻动卵，使卵免遭螨类、真菌的侵袭。直到卵孵化后母虫继续管护幼虫一段时间，才起身离开。如此用心地护卵和育幼，雌蠼螋对后代可谓“母爱爆棚”。

雌螳螂制造卵鞘护卵

雌螳螂以特殊方式产卵并保护卵。它们选择树木枝干、篱笆、石块或石缝，先从腹部排出大量泡沫状物质，然后在其中顺次成排产卵，泡沫状物质很快凝固，形成坚硬的卵鞘。每个卵鞘内有卵 20—40 粒，每只雌螳螂可产 4—5 个卵鞘。卵鞘保护螳螂卵安全孵化，不同种类螳螂卵鞘的大小、形状、色泽均有差别。

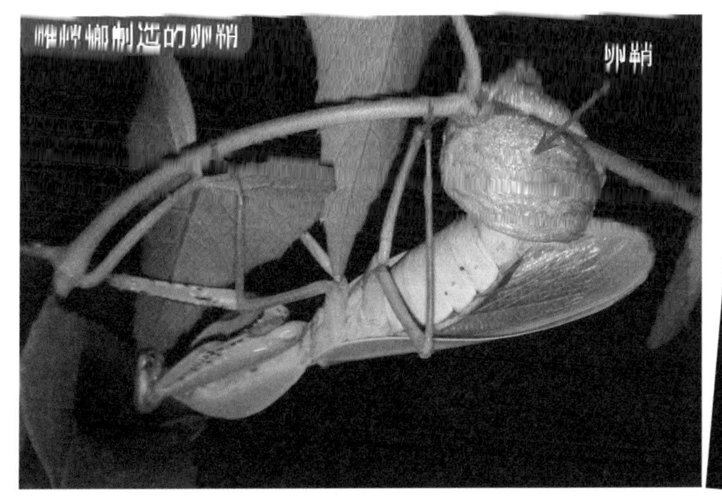

雌螳螂制造的卵鞘

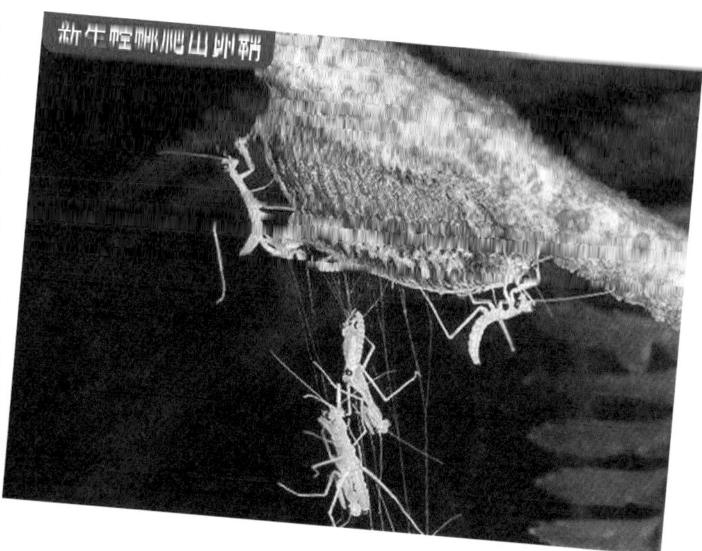
新生螳螂爬出卵鞘

奇特负子蝽生育后代

负子蝽是繁殖习性奇特的水生昆虫。雌负子蝽将卵全部产在雄负子蝽背上后生命便终结。雄负子蝽负起照管、保护卵的责任，携带卵到氧气充足且安全的水区，避免遭受螃蟹、鱼类、水蝎子、水虿（chài）等的侵害，直到背上的卵全部孵化为幼蝽。这是一项雌雄负子蝽配合默契繁育后代的工程，雄负子蝽也因此被誉为“超级奶爸”。

雌蝽产卵在雄蝽背上

雌蝼蛄（lóu gū）挖洞育幼

蝼蛄是穴居地下的大型昆虫。雌蝼蛄产卵前在它栖居的地下隧道的末端（距离地面20—30厘米、更安全的深层土壤处）挖掘一个圆形穴室作为育幼室，然后将卵产在那里。有些种类的雌蝼蛄有照料卵和低龄若虫的习性。

蝼蛄育幼的洞穴

黑蜣

黑蜣父母共同育幼

黑蜣是一类鞘翅乌黑光亮的小甲虫，多数种类见于热带，终生生活在朽木里。成虫、幼虫均以腐木为食，父母虫与幼虫同穴而居，母虫和幼虫一起修建蛹室。

沙漠蛛蜂为了产卵大战狼蛛

在干旱荒凉的沙漠中，昆虫产的卵和幼虫都很难存活。雌沙漠蛛蜂为繁衍后代，可谓尽心尽力。它们产卵前会专找个头大而凶狠的狼蛛搏斗，以长腿和钩爪与狼蛛周旋，巧妙利用那根长达 7 毫米的毒刺。一刺成功的话，沙漠蛛蜂会将狼蛛麻醉，然后将其拖入地下巢窝，在狼蛛体内产卵，随后孵化的幼虫会吃掉麻痹的狼蛛。成年沙漠蛛蜂是靠吃花粉花蜜过日子的，大战狼蛛则是为了在沙漠这种严苛环境中成功传宗接代。

沙漠蛛蜂大战狼蛛

胡蜂筑巢养育幼虫

群居的胡蜂养育幼蜂的方法与独居的沙漠蛛蜂完全不同。胡蜂先要建筑蜂巢，蜂王将卵产在蜂巢中。卵孵化为幼虫后，胡蜂群集体照顾幼虫。工蜂外出捕捉蜜蜂或各种毛虫，带回蜂巢喂养幼虫。为保护巢窝、蜂王及幼蜂，胡蜂工蜂凶猛无畏，其蜇刺不仅可引发剧痛，其毒液还会伤害被刺者。

胡蜂在巢内喂养幼蜂

隐身大师，极致拟态

无论是弱小且无其他防身法宝的昆虫，还是拥有锐利武器的昆虫，或是强大凶猛的捕食性昆虫，隐身都是它们有效的生存对策，自然界也造就了多种多样的“隐身大师”。

进化出保护色是昆虫最基本的隐身“法宝”。保护色是指昆虫的体色与其栖息环境的色调融合相配，使昆虫不易被发现，起到隐身护体的作用。

很多种类昆虫除了具有保护色，还具有“保护形”，即拟态。昆虫拟态是指一种昆虫在形态、行为等特征上模拟他种昆虫或演变得与环境中其他的地景地物相似，借以蒙骗天敌、保护自身安全，同时可以隐蔽自身、突袭猎物的生态适应现象。

自然界具有保护色的昆虫比比皆是，只要留心观察，拟态昆虫也常可见到。

蟪蛄（huì gū）的保护色

蟪蛄是小型蝉类，不同种类体色不同，各自与栖息背景融为一体。图中这种蟪蛄身体和翅上布满了与树皮的色泽和纹理相近的斑点和网纹，天敌难以发现它，起到保命的作用。雌性蟪蛄的腹部后端坚硬，锋利如刺，能刺破树皮伸进产卵器，把卵产在树皮下面的木质部。

蟪蛄的保护色如同树皮

蝗虫保护色随生境而变

蝗虫又叫蚱蜢。生活在绿草或绿叶中的蝗虫，体色通常为绿色，其中浅绿、深绿、黄绿色及枯草色的个体都有。这些蝗虫分别和环境主色调协调融合，不易被天敌发现，有利于隐身避害。很多种类蝗虫的体色可随季节和栖居地植被色调的变化而相应改变。

沙地蝗虫的保护色

沙地蝗虫又称为沙地蚱蜢。长期栖息在沙地的蝗虫的体色和斑纹变得与沙地中沙砾斑驳的色调十分相似，只要它待在那里不动，保护色就使得它很难被发现。

绿色中华大刀螂

中华大刀螂的保护色

中华大刀螂广泛分布于中国南北各地，是中国本土最大的螳螂。成虫体长可达 7—10 厘米，是战斗力极强的猎捕高手。其体色随栖息地背景色调而呈现绿色或褐色，能很好地与环境相融。保护色使得它们既能埋伏突袭猎物，也能隐蔽躲藏，免受比它更凶猛的捕食者的侵害。

枯草色中华大刀螂

巨拟叶螽

拟态叶片的巨拟叶螽（zhōng）

巨拟叶螽体形巨大，是中国已知螽斯中最大的种类，体长 10—12 厘米。巨拟叶螽通体绿色，翅面有叶脉状斑纹，经常生活于较高的树上，既有与绿叶相同的极佳保护色，其外形也与栖息树木叶片的形状相仿，真可谓拥有保护色加保护形双保险的隐身大师。雄性巨拟叶螽善鸣唱，鸣声特别响亮。雄性成虫躲藏在绿叶丛中靠鸣声传递信息，找到雌性成虫一起配对繁衍后代。

完美拟态叶片的姬叶螽

原产于加里曼丹岛的姬叶螽，是 2013 年发现的新物种。其雌虫全身呈玫瑰红色叶片状，雄虫呈绿色。雌雄姬叶螽双翅拟态大叶片，其斑纹与真叶片的叶脉同样清晰，一对后足拟态两片小长叶，色泽和斑纹整体都像极了栖息处的树叶。细看之下，雌虫头部一对绿色眼睛才显露真容。

雌性姬叶螽

雄性姬叶螽

拟态树叶的柯氏翡螽

柯氏翡螽是拟叶螽科翡螽属的一种中小型螽斯。其头部呈锥形，体长20—30毫米，全身绿色，停栖时身体呈狭长叶片状，体色及形状很像刚刚散落在其他绿叶上的一片树叶，因此很难被天敌发现。在中国，这种螽斯主要生活于亚热带及热带的常绿阔叶林地区，那里树木草丛终年常绿，柯氏翡螽保护色与之相配。

柯氏翡螽

拟态苔藓地衣的棘卒螽

螽斯家族大多拟态树木的叶片，而棘卒螽却特立独行，它们拟态地衣或苔藓，进化出一身“迷彩服”，完美融入苔藓、地衣的生境中。不同种类的棘卒螽选择相应的栖息背景：有些个体拟态叫作“青蛙皮”的深色地衣；有的则拟态浅色大羽藓，身上还长满刺状凸起，模糊自身轮廓，使拟态更臻高效。

深色的棘卒螽

浅色的棘卒螽

枯叶蝶双翅合拢

枯叶蝶双翅展开

拟态名虫——枯叶蝶

枯叶蝶是世界知名的完美拟态的昆虫，它们的双翅合拢时看起来像一片棕色枯叶，翅面似有“霉斑”，“叶缘”有缺损。但枯叶蝶的双翅张开时，背面显示蝶类的明亮色彩。要是它寻找配偶，就会闪动自己鲜明的一面；如果它要躲避捕食者，合上双翅就变成一片“枯叶”了。这种蝶的飞行姿态是特殊且无规则的，就像随风飘零的树叶，落到枯叶堆上便突然“消失”难觅。

拟态枯叶的棕线枯叶蛾

这种极致拟态枯叶的枯叶蛾，在中国的云南、海南、福建等季风雨林地区都有发现。整体来看，它长得好似一片质地厚实、似三角形的枯叶。其棕色前翅上布满褐色鳞片，且从前到后有 3 条如同叶脉的棕色斜条纹，背中线呈棕色直纹。若它安静地停息在落有真正枯叶的地面或枯叶色的树干上，天敌很难看出这是一只蛾子，其拟态可达到以假乱真的境界。

棕线枯叶蛾的拟态

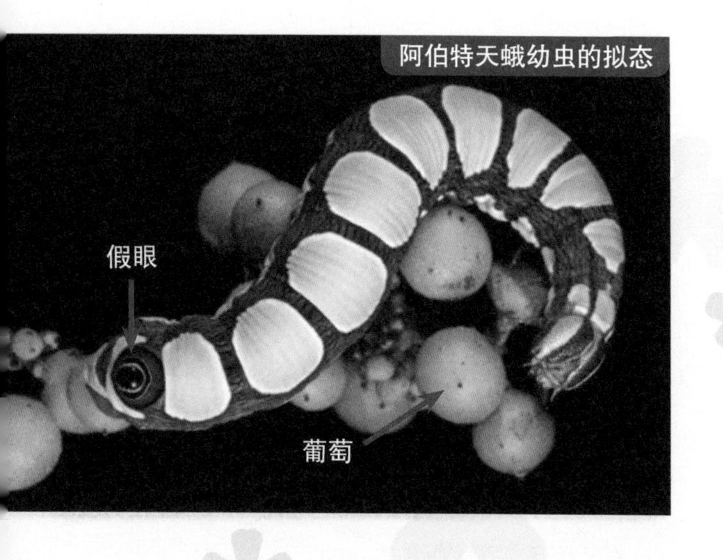

阿伯特天蛾幼虫的拟态

拟态绿色葡萄的阿伯特天蛾幼虫

阿伯特天蛾幼虫身体是浅绿色的，接近成熟时变成褐色。其背部有一串绿色大斑点，拟态其栖身处的绿色葡萄，几乎可鱼目混珠。这种毛虫身体末端还长着一只假眼，闪亮如同真眼，也使它成为北美超酷的“独眼”毛虫。遇到危险时它会尾部上翘，假装成抬起的蛇头，借以吓唬天敌。这种毛虫遇敌时还会发出响亮的嘶嘶声。

白边舟蛾幼虫的拟态

这种蛾的幼虫产于北美，只吃榆树叶，不吃其他植物的叶片。它已经进化到极高境界，拥有独特的拟态方式：它趴在榆树上一点点啃食叶子，避免留下明显虫咬洞眼；它停留在叶片上的姿态，看起来就像被它吃掉的那半片树叶。白边舟蛾幼虫与其他毛虫不同，其背部生长出一排特殊的肌肉质双齿突，拟态其寄主植物叶片的复齿状边缘，可达到以假乱真的效果。另一种白边舟蛾幼虫侧面看起来则像边缘呈锯齿状的一片叶子。

白边舟蛾幼虫的拟态

另一种白边舟蛾幼虫的拟态

榆叶四角天蛾幼虫拟态干榆叶

这种天蛾幼虫藏身在一堆干枯的榆树叶片中。它们的形状看起来和身边的干榆树叶差不多，其身边的干榆树叶片越多，拟态效果就越好。一旦受到干扰，它们会用后部的腿支撑而弓起身来，同时左右摆动头部向来犯者发出威胁。

榆叶四角天蛾幼虫拟态

尺蠖（huò）的极致拟态

尺蠖是尺蛾的幼虫。全球尺蠖超过万种，多为林木的害虫。尺蠖行为生态特殊，静止时常用腹足和臀足抓住树枝，有的拟态鲜活枝条，有的拟态一段枯枝。其虫体向前斜伸，色与形均达到惟妙惟肖的地步，这是典型的隐蔽拟态。由于肉食性捕食者对树木枝条不感兴趣，尺蠖也就安全了。有的尺蠖停息时会在树枝上拉一条连丝，使身体斜伸的姿势维持更久。

尺蠖拟态枯枝

尺蠖拟态活树枝

真假难辨的枯叶蚱蜢

东南亚的枯叶蚱蜢拟态枯叶堪称登峰造极，其整体形态酷似一片破碎发霉的烂枯叶。只有它的短触角、眼睛以及类似叶脉纹路的分节腹部，才能让人看出这是一只拟态枯叶的蚱蜢。如同其他种类蚱蜢，枯叶蚱蜢也善于跳跃，然而一旦行动起来，装扮枯叶的事情也就败露了。

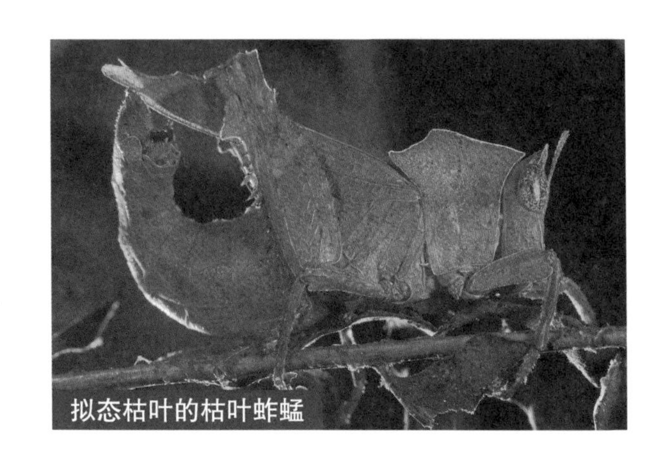
拟态枯叶的枯叶蚱蜢

拟态植物枝刺的角蝉

角蝉又称刺虫，全球约 2600 种。有些种类的角蝉前胸背板极度发达，向上高高突起呈尖刺或长角状。当它们成群或个别停息在植物茎秆上时，看起来就像树枝上一列枝刺或干枯的小树枝，捕食者因害怕被刺或不感兴趣而不去触碰。一旦捕食者识破这种拟态花招，角蝉便借助有力的后腿弹跳起来，迅速逃走。

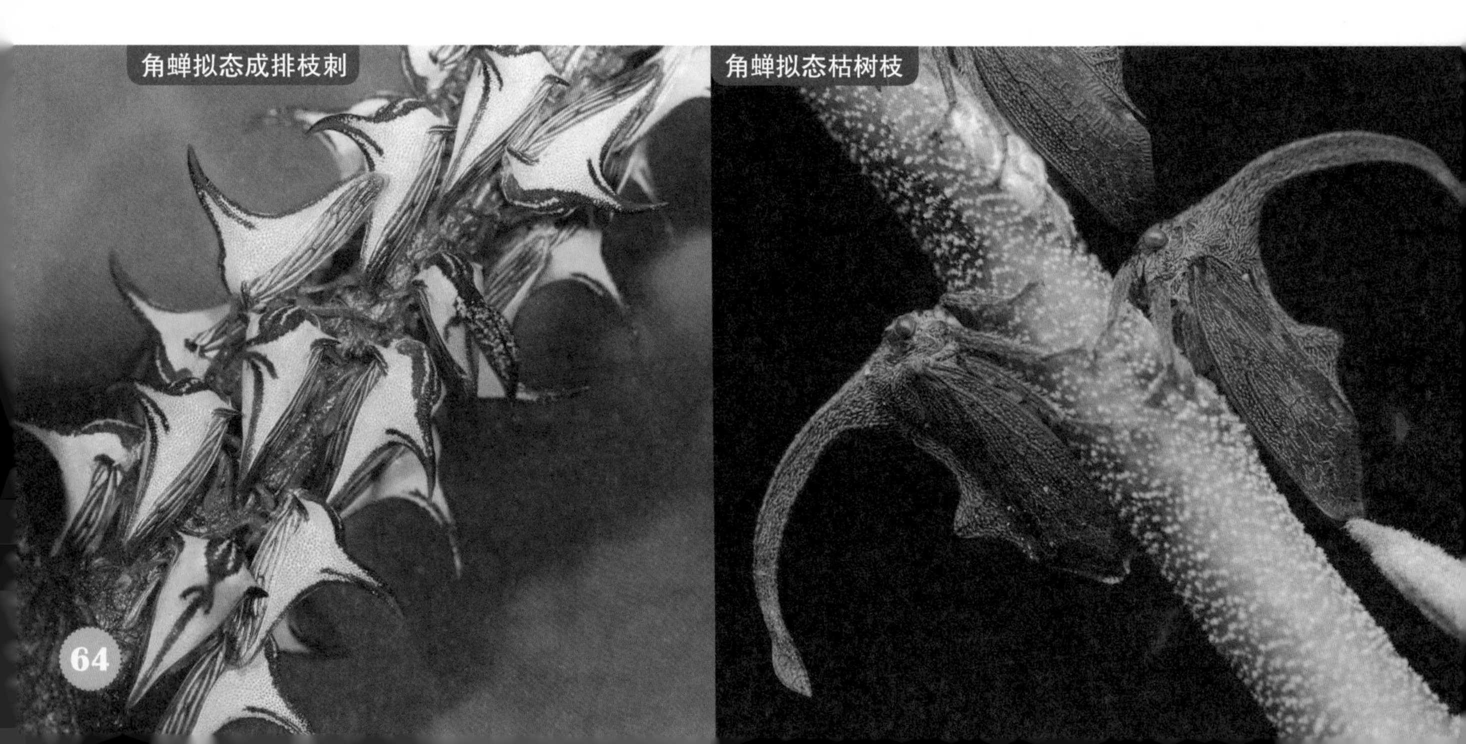
角蝉拟态成排枝刺

角蝉拟态枯树枝

凤蝶低龄幼虫拟态鸟粪

凤蝶的低龄幼虫身体柔弱，凭着天生的黑白相间，不规则的斑纹，以及遍布全身的细瘤状凸起，逼真拟态一坨鸟粪。它们借此蒙骗食虫的鸟儿和其他天敌。借助这种出神入化的拟态，凤蝶幼虫白天也敢在叶片上停留。凤蝶的低龄幼虫经过几次蜕皮后，身体长大了，活动能力提高了，体色变成和寄主植物一样的鲜绿色，这时它们依靠保护色避敌。

凤蝶低龄幼虫拟态鸟粪

凤蝶高龄幼虫的保护色

凤蝶高龄幼虫拟态蛇头

玉带凤蝶、柑橘凤蝶等凤蝶的低龄幼虫为“鸟屎态”幼虫。它们 4 龄或 5 龄时体表变得油绿光亮，胸部有眼状斑，前胸背面有一个分叉的臭角。幼虫受到惊扰时便会伸出像蛇芯子的臭角，臭角同时可释放出浓烈的化学气味，作为驱敌的武器。

一种凤蝶幼虫

一种凤蝶幼虫

胡椒蛾体色的变化

生活在英国曼彻斯特的胡椒蛾历来有浅灰色和黑色两种体色，喜欢栖息在树干上。18 世纪后期英国工业革命兴起，工厂排放的大量黑烟使树干沾染烟尘而变黑。经过数十年的适应，原本常见的浅灰色胡椒蛾数量变得稀少，适合栖息于黑色树干上的黑色胡椒蛾变为常见类型。随着当地环境治理，树干恢复本色，浅灰色胡椒蛾又成为常见类型。这个案例证明了进化的基础是基因突变，而基因突变是随机产生的。

浅色及深色胡椒蛾

玉带凤蝶的拟态

玉带凤蝶是一种常见的，无毒的漂亮蝴蝶，其雌蝶奇特地具有拟态和非拟态两种类型。拟态型雌蝶模拟有毒且美丽的红珠凤蝶，以致天敌错把二者都当作有毒蝴蝶。因此，拟态型的雌玉带凤蝶较少遭受天敌捕食，生存概率较高。中国民间传说“梁祝化蝶”中的蝶类即指玉带凤蝶，而红珠凤蝶是新加坡国蝶。

雌玉带凤蝶

雌红珠凤蝶

王蝶与副王蛱（jiá）蝶

王蝶、副王蛱蝶都属于蛱蝶科。两者除了体形及局部细节稍有差别外，整体形态、体色及斑纹几乎一模一样。学者认为，这是无毒的副王蛱蝶拟态有毒的王蝶。鸟类及其他捕食者分不清它们，都把它们当作有毒王蝶而不去捕食，副王蛱蝶因而得到安全庇护。近年来，有学者通过实验获知，鸟类对这两种蝶的味道同样嫌弃，这是值得研究的问题。

虫卵也有拟态

完全变态昆虫一生要经历卵、幼虫、蛹和成虫 4 种虫态，每种虫态的存活率都会影响该物种的数量动态。研究者发现，有些昆虫卵的颜色、大小和排列与虫卵所在植物叶片上分泌积累的糖粒极为相像。这也就是说，有些虫卵拟态糖粒，则它们被天敌吃掉的概率就会大大降低。但关于虫卵拟态的更广泛而深入的研究尚待开展。

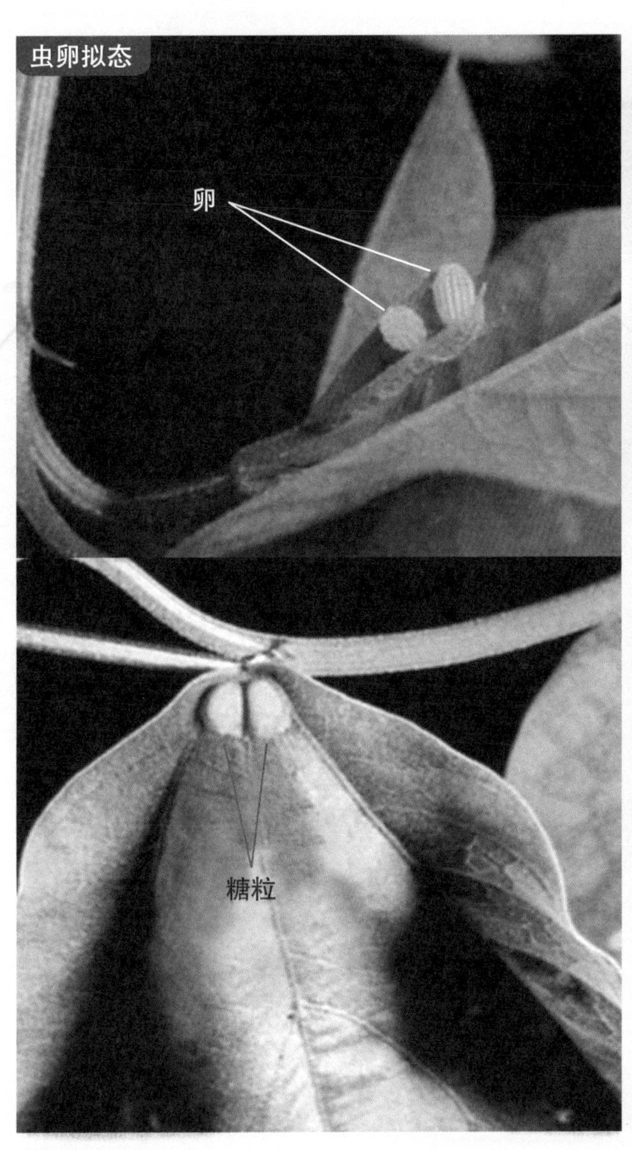

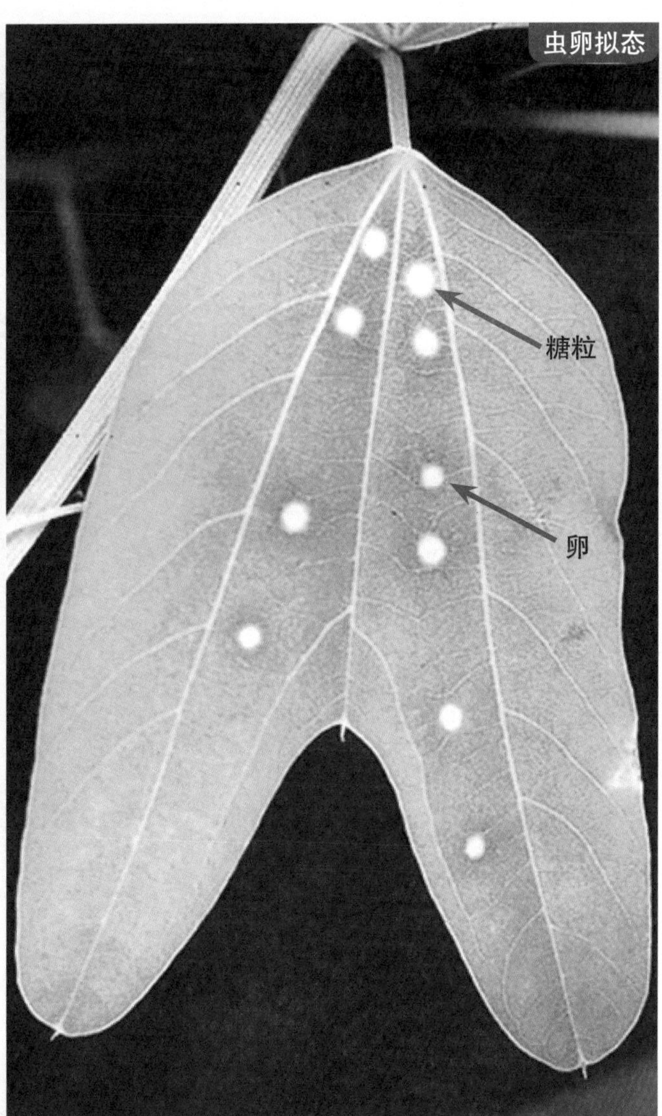

蝶蛹的拟态保护

蝶类幼虫化蛹后，通常必须经过十多天才能化蛹成蝶，有些蝶类在蛹期中会呈现十分奇特的保护性拟态。例如猫头鹰蝶蛹拟态蛇头，而且看起来像毒蛇头：有一对黄色眼睛、有蛇类的鳞片纹和色泽。又如柑橘凤蝶、宽尾凤蝶的蛹可拟态一截枯木，惟妙惟肖。拟态蛇头能起到阻拦、恐吓掠食者的作用，拟态枯木可免受捕食者的侵害，这些都是昆虫求生演化的结果。

拟态枯木的宽尾凤蝶蛹

拟态蛇头的猫头鹰蝶蛹

螳螂隐身，变幻莫测

植食性昆虫隐身可免遭捕食者发现，而像螳螂这样身怀利器的捕食性昆虫，也会使用保护色及拟态隐藏自己。全球螳螂超过 2000 种，不同种类螳螂的进化方向和生存对策有所不同，多数螳螂有基本的保护色，许多种类还进化出令人叹为观止的拟态。例如有些螳螂拟态枝条、叶丛、树皮甚至粪便等，使自身与生境融为一体；又如兰花螳螂可成功拟态兰花，其艳丽的程度甚至超过真兰花；静止不动的枯叶螳螂看上去就是一片枯叶；树皮螳螂静伏在树皮上时，几乎和树皮完全融合；生活在热带雨林中的苔藓螳螂竟然特化成了苔藓的模样。螳螂凭借多样化的保护色及拟态，既能隐蔽起来保护自身，又能埋伏起来突袭猎物，使藏匿更安全，使捕食更高效，让猎物难以察觉而无所遁逃。

索氏角胸螳

索氏角胸螳是近年在中国南方发现的新物种。它的个头特别小，求生保命的办法就是拟态成一小坨鸟粪，静静地躲藏在叶片或枝条下。它也常喜欢倒挂在树枝上，只有两根不停动弹的细长触角才可能会暴露它们的行踪。

拟态粪便的索氏角胸螳

酷似枯枝的马来树枝螳螂

酷似枯枝的马来树枝螳螂

树枝螳螂属于箭螳类，俗称大枯枝螳螂。它生活在马来西亚等地的亚洲热带雨林，是螳螂世界的巨无霸。最大的树枝螳螂体长可达 20 厘米，身体细长扁平，三角形的小头可前后左右转动。它静止时酷似枯树枝，行动起来像晃动的“魔棍”。树枝螳螂诱骗猎物、施展“绝技”时只需稳住身体，静等猎物走到嘴边，突然弹出前腿带尖刺的勾镰，就能捕获昆虫、蛙、鸟儿甚至小蛇等。

并无颈部的“长颈”螳螂

这种长颈螳螂体态修长，只要静止不动，看起来就像一根没有生命的枯枝，但它露出的两只圆鼓鼓的小眼睛一直在暗中窥视着外界的动静，且捕食速度飞快。它并非真有“长颈”，那只是演化成为“枯枝”部分的细长的前胸。

长颈螳螂捕食

长颈螳螂

状如其名的小提琴螳螂

小提琴螳螂产于印度南部和斯里兰卡，因其体形如一把小提琴而得名。它的拟态有利于藏匿避敌，它也能突然袭击毫无警觉的小虫。别看这种螳螂模样怪异，却善于飞行，还能捕食飞行中的昆虫。

小提琴螳螂

三角枯叶螳螂

菱背枯叶螳螂

拟态枯叶的枯叶螳螂

枯叶螳螂是产自马来西亚的奇特拟态猎手，其体形、色泽、结构和质感都酷似枯叶。它扩张的胸部恰似枯叶，短腿则像残余的叶柄，腹部的斑纹如同叶脉，“主脉”和“支脉”都达到以假乱真的地步。三角枯叶螳螂好像被半片枯叶盖着，实际上那是它身体的一部分。这种拟态使它们成为魔幻般的掠食者，猎物被捕了可能还不知是什么捉住了自己。

拟态树皮的树皮螳螂

树皮螳螂是体长 2.5 厘米左右的小型螳螂，也是完美拟态树皮形状和色泽的高手。它们隐身于树皮间，随时准备亮出杀敌武器——强力的前腿、有力的嘴、锐利的尖刺。它们的眼睛很大，视觉敏锐，能在树皮表面迅速爬行，捕食树栖小昆虫，敢于和体形比自身大的毒虫，如蜈蚣、蚰蜒（yóu yán）争斗。

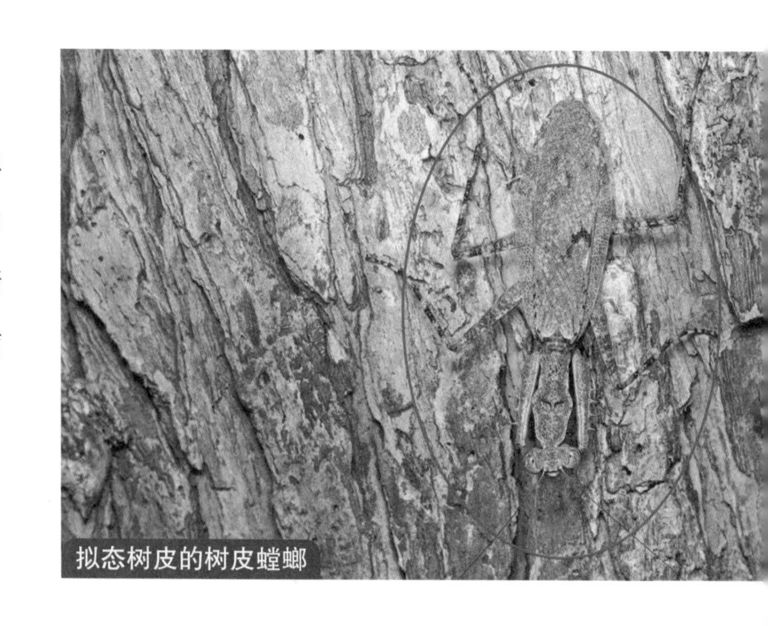
拟态树皮的树皮螳螂

兰花螳螂

兰花螳螂生活在东南亚热带雨林，呈现十分完美且独特的拟态。雌虫拟态兰花，不仅形态、花色与真花相仿，三对足也特化成扁平状，腹部向上翘起，怎么看都像是盛开兰花的花瓣。兰花螳螂的拟态防御及诱捕战术达到出神入化的境界，这使它成为世界上最美也最狡诈的昆虫。绚丽的“兰花”竟是无情的杀手，被骗的昆虫一旦靠近，瞬间便沦为美食。兰花螳螂并非总停留在兰花上，它更喜欢在绿色草丛中拟态花朵，诱骗前来访花采蜜的昆虫，是高效率的伏击猎手。雄性兰花螳螂体形小，多靠隐蔽躲开掠食者，能更好地伏击猎物及寻找配偶。

雌性兰花螳螂

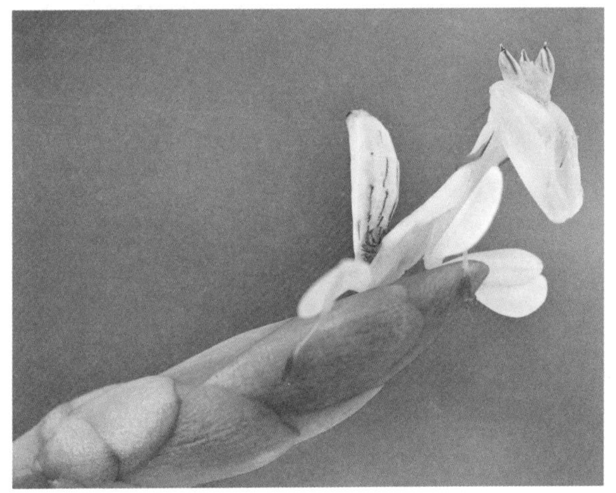
兰花螳螂静等猎物到来

草叶上装花朵的兰花螳螂

捕获猎物

刺花螳螂

刺花螳螂产于非洲东部和南部，有绚丽多彩且布满棘刺的外表。它们白天活动，或在树叶、花丛中寻觅，或藏匿起来静待猎物来到身边，以闪电般的速度将其捕捉。一旦遭遇险情，刺花螳螂便突然张开双翅，露出前翅上巨大的假眼斑，可使来犯之敌因惊疑而退却。

刺花螳螂

魔花螳螂

这种产于非洲的大型螳螂，人称“螳螂之王”，雄性 8—11 厘米，最大雌性成虫体长可达 13 厘米。它们会张开双翼，拟态色泽艳丽的鲜花，诱骗其他动物靠近。魔花螳螂是所有模拟花朵的螳螂中体形最大的一类，也是世界上最稀有的螳螂。尤其雄性成虫身上有红、白、蓝、紫、黑等多种颜色，十分艳丽。

拟态鲜花的魔花螳螂

极致拟态的苔藓螳螂

苔藓螳螂生活在南美洲、中美洲及非洲热带雨林，这种螳螂拟态苔藓可谓逼真到极致。它的足部关节有像苔藓的突出物，其成虫的翅也像苔藓叶子，镰刀般的前肢上的针刺很长。当苔藓螳螂隐藏在苔藓中时，别的动物会误以为它是真苔藓而无所察觉。它的捕捉足可如弹簧般突然弹出，快速的进攻只需30—50毫秒便能成功捕获猎物，甲虫、蜘蛛、螽斯、蛾蝶统统成为其口中食物。

苔藓螳螂

酷似地衣的地衣螳螂

这种螳螂的体色近似栖境中地衣的色调，多数为黄绿色。它的形态、斑纹、体表突出物等，全都拟态栖境的地衣的特征，扮成地衣的模样，骗过敌害，保护自身。同时这种拟态可以蒙蔽猎物，使猎物不知不觉地走近，掉入陷阱。地衣螳螂的拟态既属于隐蔽型，也属于攻击型拟态。

地衣螳螂

南美菱叶螳

这种螳螂原产于南美热带雨林，成虫体长可达 8.3 厘米。它平时会选择一片叶子，将身体完全贴靠在叶面上，一副平和模样；实则它会以扩展成叶片状的胸背部，遮挡自己锋利的前肢和锐利的口器。一旦有昆虫受骗走近，菱叶螳便以迅雷不及掩耳之势将猎物生擒活捉，并立即下口撕咬，就连它的若虫捕猎也同样生猛。菱叶螳捕食蝗虫、蛾蝶、螳螂等。

菱叶螳捕食碧凤蝶

拟态叶菱叶螳

叶蟖杆蟖，拟态大师

竹节虫又称为“蟖”(xiū)，全球约有2200种。蟖包含两类成员：叶蟖和杆蟖。叶蟖极致拟态树叶的形状，被称为“会动的叶子”；杆蟖完美拟态树枝或竹枝的形状，被称为“行走的树枝”。叶蟖和杆蟖静止时简直和真正的枝叶一模一样。如果有风吹来，它们也会像树枝和叶子那样随风来回摆动。这就是说，竹节虫不但在形态上模拟，也兼有行为拟态。多数竹节虫白天静止不动，在夜幕的掩护下才进行觅食、找配偶及产卵等活动。

具备高超隐身术的竹节虫向来惊艳世界。作为植食性昆虫，竹节虫演变成自身爱吃的叶片或枝条的模样，也即“虫如其食”，如此极致的隐蔽式拟态实在太神奇。有些种类的竹节虫还能随光线、温度的变化改变体色，完全融入栖身环境中，使天敌极难发现。它们就在饥肠辘辘的食虫者眼皮底下生存繁衍，比起昆虫的其他种种生存对策，竹节虫的拟态保护无疑更巧妙。

叶状竹节虫

叶状竹节虫又称为叶虫、叶子虫、叶蟖，它是拟态效果登峰造极的昆虫。叶状竹节虫的腹部及翅极像阔叶树叶片，身上斑纹拟态叶脉，小圆头就像叶柄，三对足模拟鲜叶、半枯叶或被虫啃食过的残叶。不同种类的叶状竹节虫停息在与自身的色泽、斑纹相仿的叶片上，具有保护色和拟态双重效应，拟态叶片达到以假乱真的地步。它只要在树叶上静止不动，隐身奇效就可保自身安全。

马来巨叶蟖

马来巨叶蟖是原产于马来西亚的一种巨大叶状竹节虫，体长10厘米左右，全身绿色。它的体表纹路模拟叶片的叶脉和褐变边缘，整体外形就像一片即将发黄枯萎的叶子。一只马来巨叶蟖的成虫一生可能就在一棵树上度过，白天趴在树叶上混装树叶，躲避天敌，夜晚它就吃栖息处的叶片。马来巨叶䗛所产的卵拟态粪便。值得一提的是，此种竹节虫的雌虫能够孤雌生殖。

马来巨叶䗛

巨扁竹节虫

巨扁竹节虫是原产于马来西亚热带森林的一种大型竹节虫。它树栖生活，雌虫鲜绿色，体长在 130—170 毫米。在昆虫世界中，这样的体形已经是巨无霸了。它被称为“马来西亚森林女神”，同时也是世界上最重的竹节虫。但其雄虫的体长只有 80—100 毫米，体色多为棕色。此种竹节虫虽然全身长满尖刺，实际上却是温顺的植食性昆虫，以芭乐叶、树莓等植物为食。

巨扁竹节虫

巨刺竹节虫

巨刺竹节虫产于澳大利亚东部森林，最大雌虫体长可达20厘米。巨刺竹节虫的卵、幼虫及成虫三个不同发育阶段都有极致的拟态。它的卵拟态植物种子，由树上掉落地面，被红头蚂蚁当作食物运入巢中。蚂蚁吃掉卵外部可食部分，不影响卵的发育。在蚁巢适宜且安全的生境中，巨刺竹节虫卵经过数月孵化为一龄幼虫。幼虫的形态和行为模拟红头蚂蚁幼虫，头部也是红的，腹部向上卷起，混在蚂蚁幼虫群中，求得安全。不久，幼虫头部红色褪去，爬到高高的树上，以吃树叶为生，经过6次蜕皮变为外形奇特怪异的成虫。成虫躯体及附肢如同干枯枝叶，浑身布满尖刺，具有长时间静止不动的能耐，也会随风晃动身体，加强拟态效果。受到威胁时，成虫会卷起尾部，就像一只呈攻击状态的蝎子。成虫由于外形可怖，也被称为“幽灵竹节虫”。

巨刺竹节虫幼虫

巨刺竹节虫成虫

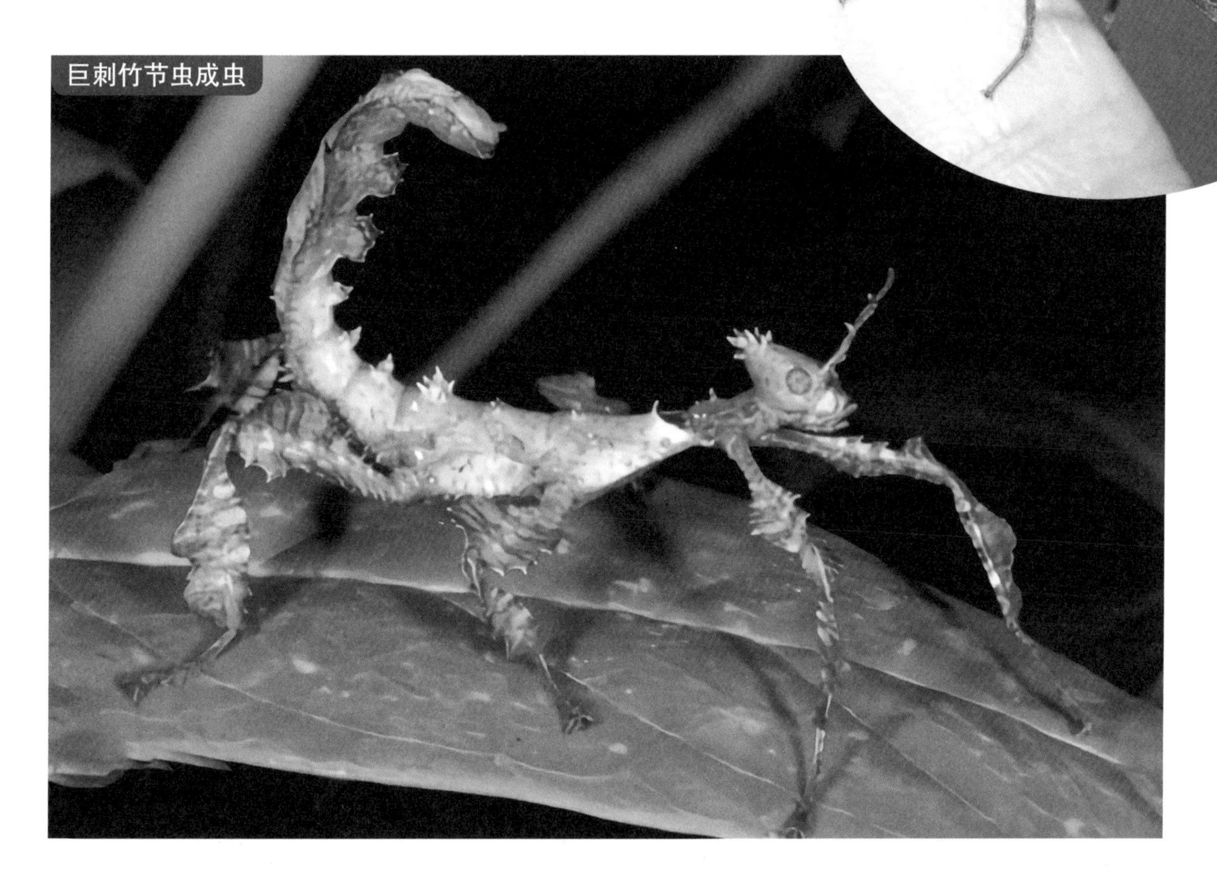

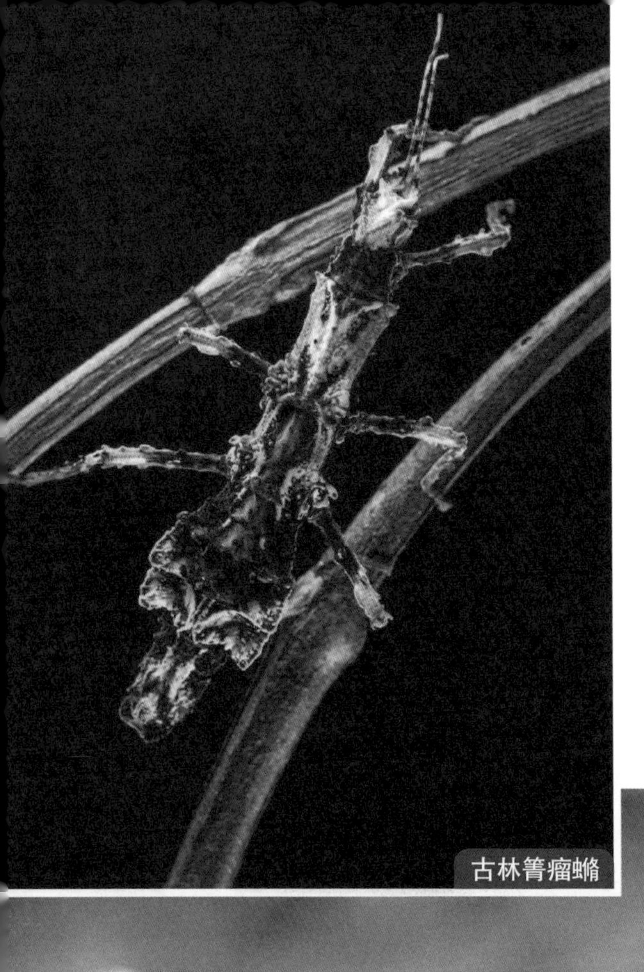
古林箐瘤䗛

古林箐（qìng）瘤䗛的拟态

瘤䗛是一类外形奇特、拟态短小树枝的竹节虫，其体色和树皮可完美地融合在一起。图中的古林箐瘤䗛是研究者于中国云南省马关县古林箐发现的新种。

绿色枝状竹节虫

生活在树木上枝叶间拟态细枝或枝条的竹节虫，统称为枝状竹节虫，又叫“杆䗛”或“棍虫”。它们的身

绿色枝状竹节虫

体演变得又细又长，看起来像小棍子或细树枝。白天它们静静地停息在树枝或竹枝上，几乎不可能被发现。它们头部小，前胸短小，中、后胸极长，3 对足细长，选择合适的植物停息，使自己的拟态达到出神入化的地步。

瓦腹华枝状竹节虫

这是一种分布于中国的大中型枝状竹节虫，生活在长江以南亚热带林区，体长约 10 厘米。此种竹节虫有个明显的特征，就是雄虫腹部末端有一个膨大的器官，雌虫则无。瓦腹华枝状竹节虫的食谱非常广，壳斗科植物的叶都是它的食物，如橡树叶、栗子树叶、榛子树叶等。瓦腹华枝状竹节虫在受到惊吓时会释放出类似柠檬的气味。

雄瓦腹华枝状竹节虫

雌瓦腹华枝状竹节虫

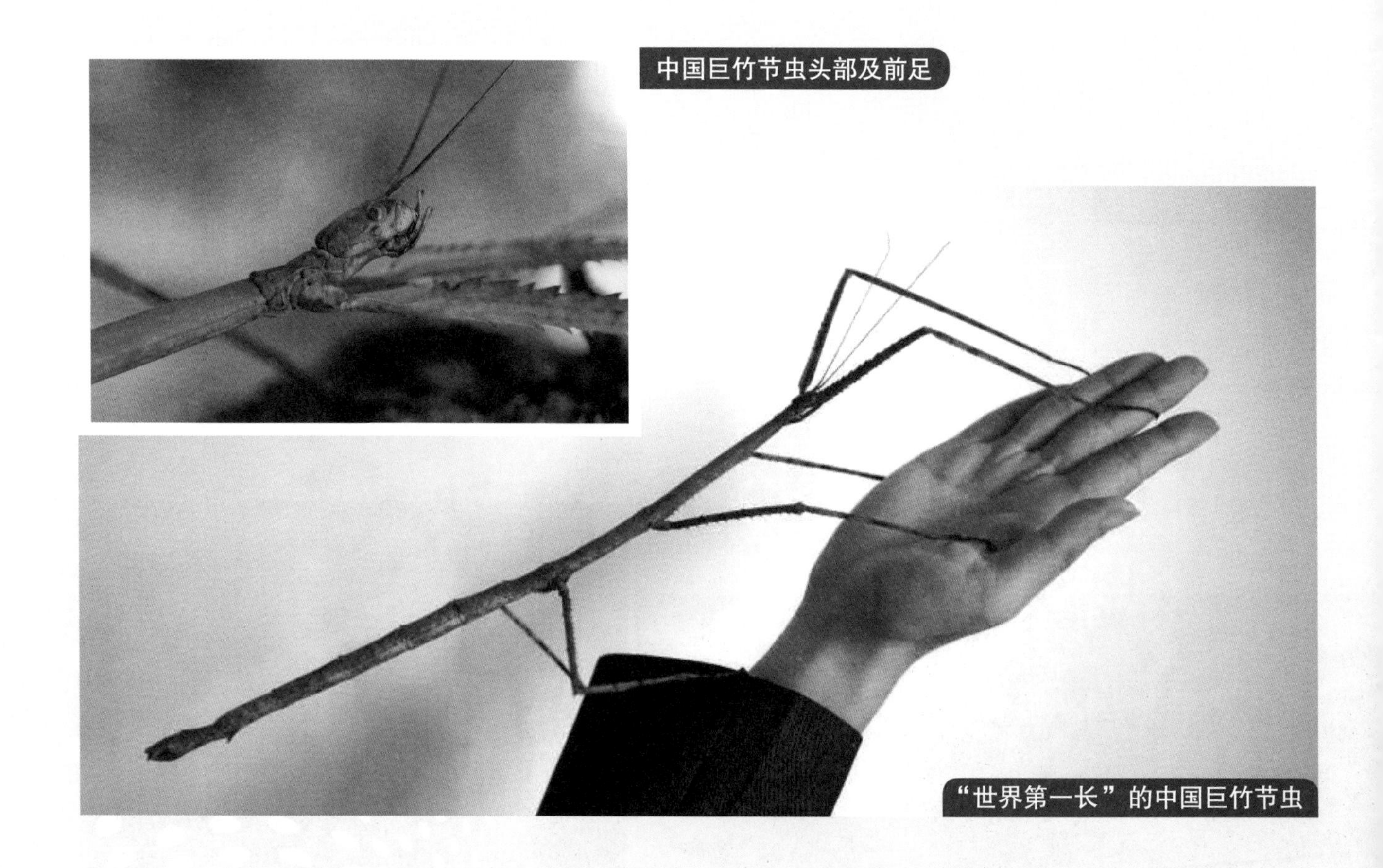

中国巨竹节虫头部及前足

“世界第一长”的中国巨竹节虫

中国巨竹节虫

中国巨竹节虫是中国成都华希昆虫博物馆发现的一个竹节虫新物种，最长的个体长达 62.4 厘米，是公认的现存世界上最长的昆虫，获得吉尼斯世界纪录认证。中国巨竹节虫不包括足长的身长平均约 36.1 厘米，包括足长的全长达 62.4 厘米，比伦敦自然历史博物馆发现的世界最长竹节虫还长 5.7 厘米。

警戒周知，不战而胜

自然界中并不是所有昆虫都靠保护色和拟态求得生存。相反，许多种类的昆虫进化出了另类张扬的形体及色彩作为生存对策。它们以极其鲜明醒目的体色和斑纹起到警示天敌的作用，使掠食动物易于识别，不去招惹并及时避开它们。这就是昆虫的警戒色。具有警戒色的昆虫（成虫或幼虫），有的体内有恶臭成分或有毒物质，有的体外生有毒刺、毒毛，唯恐别的动物不知道它们的存在。它们鲜明的警戒色就像在对外宣告："本虫不好吃，吃不得！"这使无经验的天敌因惊疑而退却，也可以使吃过一次的食虫动物记忆维持更长久，下次不再误吃它。

乳草蝗虫的警戒色

乳草蝗虫是产于非洲大陆和马达加斯加岛的十几种蝗虫的统称。它们喜欢取食有毒的沼泽乳草，并将毒素存留体内，成为有毒、不宜被捕食的蝗虫。它们的身体黄黑色相衬，腹部呈鲜红色，展现了异常强烈的警戒色。遭遇险情时它们通过胸节间的缝隙喷出毒液或有毒泡沫，用以威慑、吓退捕食者。

一种乳草蝗虫

拥有靓丽警戒色的彩虹蝗虫

彩虹蝗虫展翅

齿脊蝗的警戒色

齿脊蝗是生活在南非、马达加斯加及印度的大型有毒蝗虫，俗称彩虹蝗虫，成虫体长32—68毫米。由于食用当地有毒的乳草，彩虹蝗虫体内吸收并储存有毒成分。它们无比鲜艳的体色仿佛在严重警告天敌："本虫有毒，想吃的话，先掂量一下自己能否承受得了！"

大黄蜂的警戒色

大黄蜂在蜂类中体形大、毒性强、毒针长，善于蜇刺，排出的毒液腐蚀性极强。大黄蜂本身演化出极为鲜明的黑黄相间的警戒色，外观上显得很凶，很多昆虫和小动物都害怕它。这样的警戒色也使大黄蜂避免招惹来一些更强大的掠食者。

大黄蜂

蝽体表的警示色彩

蝽是半翅目蝽科昆虫的总称，中国已知的蝽类约500种。此类昆虫体内有臭腺，能通过臭腺分泌臭液，在空气中挥发难闻的臭气，因此有放屁虫、臭大姐等俗名。蝽不仅靠着释放臭味物质这一化学武器来保护自己，有些种类的蝽，例如非洲的毕加索盾蝽，通体如彩绘一样靓丽；有的蝽外观呈现极其鲜艳的红色，例如红脊长蝽。这些均为醒目的警戒色。它们敢于在白天四处活动，鲜亮的外表警告捕食者：“本虫臭不可食，离远点儿好！”

原产于非洲的毕加索盾蝽

红脊长蝽的警戒色

王蝶成虫的警戒色

王蝶幼虫的警戒色

王蝶幼虫和成虫都有警戒色

王蝶幼虫以有毒植物马利筋为食，从食物中获取并储存强心苷毒素。王蝶幼虫身上长着黑色、淡黄色和白色条纹的警示图案，通常群集生活。王蝶幼虫变为成虫依然有毒，其警戒色同样鲜明夺目。

另类竹节虫——“黑魔鬼”竹节虫

这种竹节虫原产于秘鲁。由于其外貌十分独特，它也被世界许多地区的昆虫迷当成宠物饲养。与大多数种类的竹节虫使用逼真拟态保护自身的情况完全相反，“黑魔鬼”竹节虫几乎通体黑色，只有黄色眼睛和一对血红的小翅膀突出显示了令人可怖的警戒色，用来吓退捕食者。实际上，它却是温顺的素食者。

“黑魔鬼”竹节虫

毒蛾幼虫的警戒色

毒蛾的种类很多，全球接近 3000 种，其幼虫长有毒毛与可伸缩的腺体。腺体位于第 6、7 节背部中间，平常呈收缩状态，受到威胁释放毒液时才翻出，因此被称为翻缩腺。毒蛾幼虫倚仗浓密毒毛及毒液的双重保护，以醒目的警戒色警告捕食者，迫使食虫动物对它们避而远之。

毒蛾幼虫的警戒色

毒蛾幼虫的警戒色

大戟天蛾幼虫的警戒色

大戟（jǐ）天蛾幼虫的警戒色

这种天蛾生活在海拔 2000 米左右的山地，专爱取食大戟属有毒乳浆植物，吸收毒素存于虫体内。它是世界上已知色彩最艳丽的幼虫，其警戒色别具一格，周身排列圆形小白斑和黄色斑块，头部和足部呈鲜红色。它的第 8 腹节背中部有一根红黑色臀角，全身犹如彩色珠子镶嵌一般，天敌能清晰看到它而避开。

刺蛾幼虫的警戒色

这类蛾的幼虫身上除了有刺突和毒毛外，背部两边从头到尾还有八撮散开的尖刺。那可是货真价实的剧毒利刺，因此刺蛾幼虫又名“八角辣”。鲜艳夺目的警戒色使食虫鸟类见了它不敢去吞食。

色彩艳丽的刺蛾幼虫

悦鸣草螽若虫的警戒色

悦鸣草螽属于直翅目螽斯科，成虫体形娇小，翅膀呈黑色，因此又称为黑翅细斯。它以植物嫩叶或其他小型昆虫为食，其弱小的若虫身体红黑色相间，鲜艳可爱。它的腿上还有醒目的黄色条带，靓丽炫酷，显示极鲜明的警戒色。其实它的翅膀还没长出，并无什么真本事，只能以色彩迷惑天敌，作为保命招数。

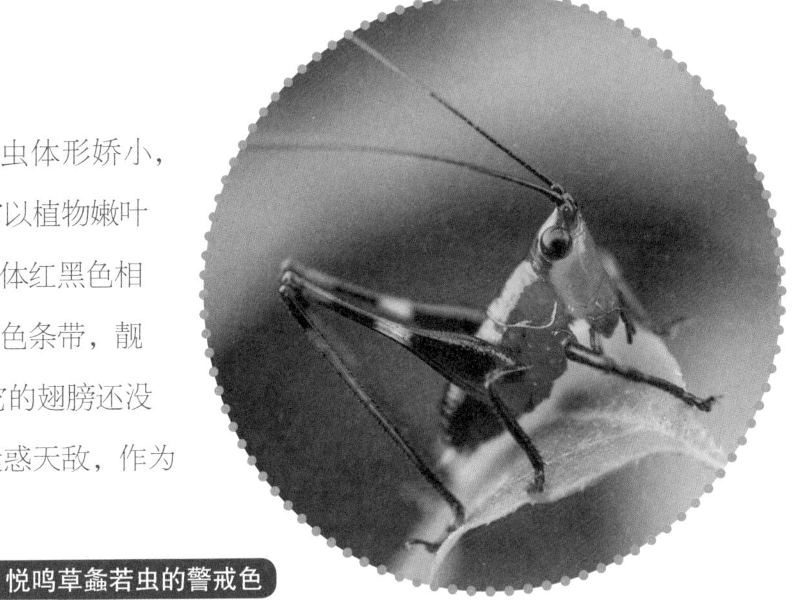

悦鸣草螽若虫的警戒色

七星瓢虫的警戒色

七星瓢虫的色彩异常鲜艳，与周围环境反差很大。这种瓢虫体内有恶臭物质及毒性成分，具有潜在危险性，它们红黑搭配的明亮色彩正是经典的警戒色，任何掠食动物初次遭遇或尝过一次后都会嫌弃不吃。

七星瓢虫的警戒色

眼斑张扬，色彩恐吓

有些蛾、蝶成虫和毛虫的身上长有外观像鸟兽眼睛的大斑纹，称为“眼斑”或“假眼斑”。蛾、蝶成虫的眼斑在前翅或后翅上；有些天蛾幼虫的眼斑就像一对“大眼睛”。

有眼斑的昆虫依靠此类极为张扬的标志，造成超常的色彩刺激，能够吓退一部分捕食者，或转移捕食者的视线，从而致其抓捕落空。昆虫的眼斑是一种警戒色，对捕食者起到恐吓、惊疑的作用，使捕食者不敢攻击、延缓攻击，或者攻击受害者的次要部位，而使受害者身体重要器官得以保全，争取时间逃之夭夭。

眼斑的保护作用不是无实证的臆测，而是有科学对比实验真实数据的支持。

银月豹凤蝶幼虫的大眼斑

这类蝶的幼虫眼斑及其全身都显得很亮眼。黄色那只比绿色那只更接近蛹期，变黄色也是为了更接近地面的颜色。它们的后胸和背两侧各有一对特大眼斑，逼真拟态蛇眼。天敌见到它如同看到“蛇头”。这使得凶猛昆虫或食虫鸟类可能会看走眼，放弃捕食它们。此外，它们还有一对鲜红的、会发出蛇一样气味的臭角。

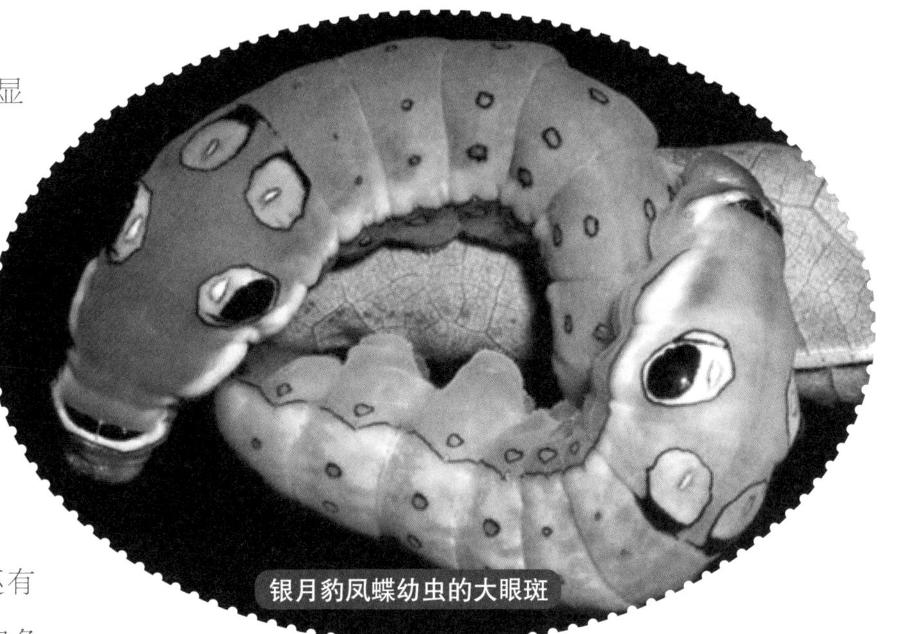

银月豹凤蝶幼虫的大眼斑

猫头鹰环蝶正面观

猫头鹰环蝶侧面观

猫头鹰环蝶的眼斑

猫头鹰环蝶原产中美洲和南美洲，是举世闻名的大型拟态蝶类。它的整个翅面酷似猫头鹰的脸，后翅中部巨大且仿真的眼斑，立体感极强，逼真拟态猫头鹰炯炯有神的眼睛。人们不得不赞叹猫头鹰环蝶的眼斑不仅形似，而且神似猫头鹰眼，足以蒙骗和吓退胆敢靠近的捕食者。此外，猫头鹰环蝶的蛹也拟态毒蛇的头部。

夹竹桃天蛾幼虫的眼斑

此类天蛾幼虫因主要吃有毒植物夹竹桃而得名，其身上有一对奇特的眼斑，看起来像外星人的眼睛。无论从哪个方向看它，那两只“眼”都好像直瞪着对方。这对奇特的“眼”其实只是它们吓唬捕食者的一种防御性结构。

夹竹桃天蛾幼虫的眼斑

孔雀蝶的大眼斑

孔雀蝶是食虫鸟类最爱的美味。遭遇危机时孔雀蝶通常先装死不动，然后会突然把带有眼斑的翅膀全部展开，明亮而巨大的眼斑足以把捕食鸟儿吓退。眼斑的保护作用有实证吗？瑞典的相关研究人员对此进行了对比实验，证实了无眼斑的孔雀蝶被山雀捕食的概率比有眼斑的高约 8 倍。

前、后翅都有眼斑的孔雀蝶

乌桕大蚕蛾的假眼斑

乌桕（jiù）大蚕蛾的假眼斑

乌桕大蚕蛾是世界最大的蛾类，翅展可达 180—210 毫米，因此也被称为“皇蛾”。它的前翅端部形状很像蛇头，因又称“蛇头蛾”；其前、后翅的中央共有 4 个三角形无鳞粉覆盖的透明区——“假眼斑”，周围有黑色带纹环绕。乌桕大蚕蛾翅上斑纹为何如此夸张，尚无明确的解释。有些研究者认为，这样的斑纹有转移或回避猎食者的作用。

眼蝶、眼蛾的眼斑

在许多蛾蝶类昆虫的翅上，有拟态捕食动物眼睛的圆斑或花纹，这些昆虫统称为“眼蛾”“眼蝶”。它们的眼斑就像圆睁的眼睛，前来捕食昆虫的鸟类见了，也很容易仓皇离开。

这种眼蝶的大眼斑在后翅

雄性眼蛾的前、后翅都有眼斑

山核桃角魔鬼虫的大黑斑

这种毛虫是北美帝王蛾的幼虫，它看起来体形相当大且外表颜色艳丽，最大的体长可达 15 厘米，头后有四个黑色大斑，以及几支黑红色向后斜弯的长尖刺。这些使得它外表凶猛可怕，因此被称为“山核桃角魔鬼虫”。其实它们无毒无害，它们靠吃山核桃、胡桃或柿子叶为生，几个大黑斑只是吓唬捕食者而已。

山核桃角魔鬼虫

遮挡掩盖，是真伪装

很多人将昆虫的保护色和拟态统称为“伪装”。实际上，保护色、拟态以及警戒色、眼斑等，是昆虫在进化过程中适应环境长期演化的结果。昆虫拟态的基本途径是把自身变得和被拟态者相似甚至一模一样，即拟态者必须改变自身样貌，以自身形态及行为生态的变化融入环境，求得生存。

伪装与拟态有根本区别。伪装的昆虫保持本身固有的形态，只是利用环境中的某些外物（皮壳、花瓣、沙砾等）或自身的分泌物（蜡质、皮蜕等），遮挡掩盖真面目，达到保护自己和伺机袭击猎物的双重作用。总之，把拟态说成伪装是不妥的，本章节列举部分真伪装的昆虫，可以明确区别于拟态昆虫。

蚜狮的伪装

草蛉的幼虫蚜狮懂得隐藏避敌，但它的对策并非拟态和保护色，而是利用体背两侧的凸起和刺毛进行伪装。它会吐丝将自己猎食后猎物残余的外壳黏附于身体各部位，遮住全身。凶猛的捕食者根本看不到它的真面目，它也就安全了。一只以伪装隐蔽自身、悄悄接近猎物的蚜狮，每天能捕获百十只蚜虫呢！

看！一只伪装的蚜狮

伪装的淡带荆猎蝽

淡带荆猎蝽的真面目

淡带荆猎蝽的伪装

猎蝽是地道的蚂蚁杀手，为使蚂蚁成为盘中餐，淡带荆猎蝽玩起别出心裁的伪装术——“蚁尸装”。在一堆死蚂蚁外壳的装扮下，猎蝽不仅能突袭、猎杀更多蚂蚁，而且能躲过鸟类等天敌的猎捕，死尸的恶臭也保护了它。更令人叫绝的是，即使伪装的猎蝽被抓住，还能上演“金蝉脱壳”——抛掉身上伪装的杂乱碎壳，迅速消失在石缝中。研究表明，无伪装猎蝽被天敌攻击的概率比有伪装猎蝽高了 10 倍。

尺蠖的伪装

尺蠖身上的黏液常常会粘住一些花瓣、碎叶，让身体被很好地包藏隐蔽，很难被食虫鸟类发现。尺蠖的伪装似乎是天然不经意的，实际上也是自然选择的结果。

尺蠖的伪装

尺蠖

戴帽毛虫的伪装

戴帽毛虫是生活在澳大利亚的一种飞蛾的幼虫。这种飞蛾的成虫并无什么吸引人的特点，其名气源于幼虫“装扮”奇特。它会将先前多次蜕下的皮摞在一起，伪装成一顶“高帽”堆在头上，让天敌见了惊疑不定，借以保护自己免受捕食者的侵害。

戴帽毛虫的伪装

巢壳护身的石蚕

石蚕是石蛾的幼虫。雌石蛾在水中产卵，卵孵化后幼虫能够以水中的沙粒、贝壳、植物的碎片建造巢壳，即以生境中现成材料伪装保护自己。它以唾液当“胶水”粘住材料，建造成可拖带、移动的牢固管状巢壳，用以保护柔软的腹部。它坚固的头、胸部可伸出巢壳外，爬行寻找食物。值得一提的是，石蛾形状像蛾，但并非蛾类，是毛翅目昆虫。

石蛾

巢壳护身的石蚕

蓑蛾幼虫的囊袋伪装

蓑蛾俗名袋蛾，其幼虫躲避天敌袭击的招数，就是吐丝造出各种形状的蓑囊，再在囊外黏附上碎叶或细枝，建造成坚固的护囊伪装。在羽化成蛾之前，蓑蛾幼虫会伸出头和足，携带护囊四处爬行觅食，一旦察觉风吹草动，全身立即缩进囊袋内。因其囊袋像早先农民遮雨用的蓑衣，故称其成虫为蓑蛾。

蓑蛾幼虫的囊袋

沫蝉若虫以泡沫护身

沫蝉是小型昆虫，其若虫习性奇特，能由肛门及腹部腺体的分泌物混合生成大量泡沫。因此，它们又被称为吹沫虫。这些又轻又透气的泡沫包裹住若虫全身，成为特制的“外套”，保护若虫免受干燥和天敌的侵害，因为天敌对泡沫堆丝毫不感兴趣。

沫蝉若虫的“泡沫装”

以蜡丝伪装的蛾蜡蝉若虫

人们在果树和园林景观植物的树干及枝叶上，常发现有棉絮状白色蜡质物。细看就能发现，这些白色棉絮状蜡质物底下藏着活虫子——蛾蜡蝉的若虫。它们靠自己分泌的蜡质物或蜡丝来伪装遮掩柔弱的身体，避免遭到天敌吞食或侵害。直到成虫阶段，这些蜡质物和蜡丝才会消失。

蛾蜡蝉若虫

蓝半球龟甲幼虫的粪罩

此虫别名虹彩蓝叶甲，原产于美国东南部，其幼虫和成虫都以美洲蒲葵的叶肉为食。幼虫排出的粪便呈卷曲缆绳状，堆积在虫体上，形成特有的结缕草样粪罩，幼虫驮着粪罩生活，并在里面化蛹。粪罩既能遮盖幼虫的身体，也能掩盖幼虫的气味，可避免天敌捕食，提高存活概率。粪罩中所含的生物化学物质对天敌可能有驱避作用，可阻止天敌取食。

蓝半球龟甲

蓝半球龟甲幼虫及粪罩

寄生昆虫，人类盟友

如两种生物生活在一起，但彼此并无营养联系，这种关系就称为附生。

如两种生物在一起生活，一方受益，另一方受害；前者是寄生物，后者是寄主，寄生物从寄主身体获取营养物质和居住场所，这种关系就称为寄生。

昆虫寄生是指某些种类的昆虫一个时期或终生附着在寄主的体内或体表，并摄取寄主的营养物质来生存。

寄生昆虫选择寄生在寄主的卵、幼虫、蛹或成虫体内，可分别称为卵寄生、幼虫寄生、蛹寄生和成虫寄生。无论何种寄生类型，都利于寄生昆虫本身或其后代繁衍与生存。本章节列举的寄生昆虫，大多为寄生在害虫体内的昆虫。它们的寄生活动帮助人类消减农林牧业的害虫，属于益虫。但也有少数种类的寄生昆虫是严重致病害虫。

克罗瑙尔甲虫的附生

这种甲虫是科学家近年在哥斯达黎加的热带雨林发现的新物种。它体长仅 1.5 毫米，用大颚咬紧行军蚁，让蚂蚁带着它转移。这只体外附生的微小甲虫使得宿主行军蚁看起来好像有两个腹部。附生甲虫的体色和外骨骼的精细结构与宿主蚂蚁相仿。这一新发现在昆虫学界引起不小的轰动，人们以发现者克罗瑙尔的名字命名这种甲虫。

附生在行军蚁上的克罗瑙尔甲虫

著名卵寄生蜂——赤眼蜂

赤眼蜂的单眼和复眼都是红色的。它的个头很小，成虫体长只有 0.5—1.0 毫米，比一粒虫卵还小。人类肉眼根本看不清其长相，它却能靠触角找到玉米螟（míng）、黏虫、棉铃虫、夜蛾等害虫的卵，把自家的卵产在寄主卵中，完成传宗接代之举。赤眼蜂也因此成为各地生物防治虫害的著名卵寄生蜂。

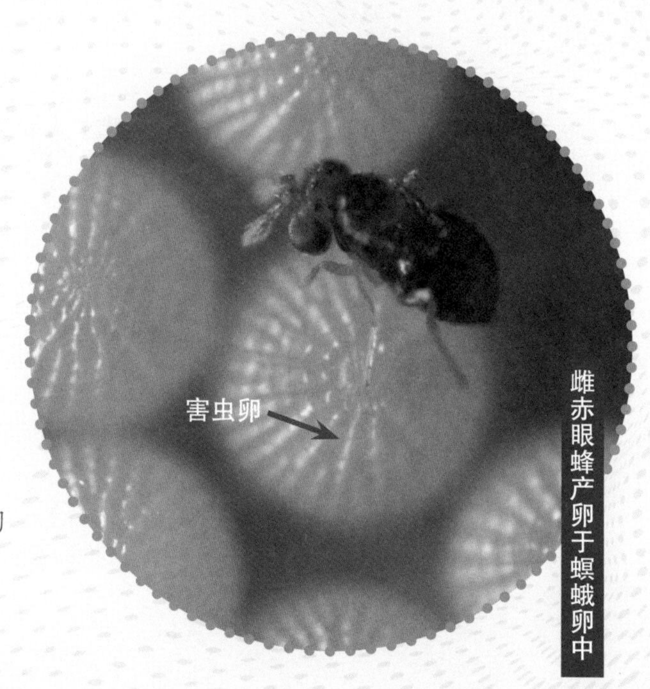

雌赤眼蜂产卵于螟蛾卵中

金小蜂的寄生生活

金小蜂的头上有一对灵敏度很高的触角，它可借此找到适合产卵的寄主。金小蜂大多产卵在红铃虫幼虫（多种有害的螟虫幼虫）身上，卵孵化为幼虫后就以红铃虫幼虫作为食物，一点点吃掉它们的

金小蜂

身体。因此，金小蜂是灭害除害、对农林业有益的寄生虫，也是幼虫寄生的绝佳实例。

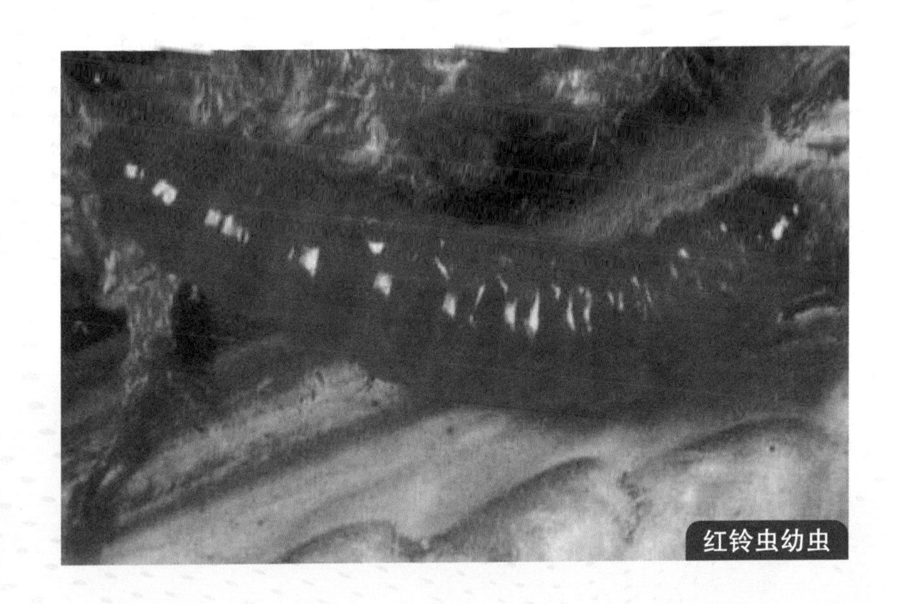
红铃虫幼虫

蚜虫克星——蚜茧蜂

这是一类体长仅 1.5—2.5 毫米的微小寄生蜂，世界已知400 余种。母蜂繁殖期间追寻蚜虫并产卵在其体内。寄生的卵发育为幼虫、幼虫化蛹，直到羽化为成虫前都生活在寄主体内。随着寄生的幼虫不断成长，寄主蚜虫的身体逐渐被消耗，最终其外壳膨胀如球而死去。羽化为成虫的蚜茧蜂咬破寄主外壳飞出。

蚜茧蜂产卵在蚜虫体内

寄生本领高强的姬蜂

姬蜂种类很多，全球约 4 万种。它数量大，寄生本领十分高强，对于生儿育女非常上心。所有姬蜂的幼虫都要生活在他种昆虫的幼虫或蛹内，即使藏在厚树皮底下的害虫，也难逃姬蜂的搜寻和那支尖长产卵器的准确刺入。大多数种类姬蜂的寄主是农、林业害虫，因此它们是人类喜爱的昆虫。

姬蜂探寻树皮下的寄主

姬蜂产卵

寄生蚤蝇精准产卵

寄生蚤蝇

体长只有2～5毫米的寄生蚤蝇，却是红火蚁的克星，蚤蝇的飞行技巧极高超，能灵活转弯、悬停或疾飞。它敢于飞近有毒刺的红火蚁，精准地把卵产在寄主腿关节柔软处。遭蚤蝇卵寄生的红火蚁行为错乱，不停游走，脱离群体，最终死去成为蚤蝇幼虫的食物。

蚤蝇朝寄主红火蚁飞来

蚤蝇咬破寄主红火蚁头部飞出

吸血寄生的马蝇

马蝇成虫头大，有点儿像蜜蜂，但口器退化，靠吸食寄主血液为生。马蝇产卵在马、驴、骡等的毛上，孵出的幼虫由寄主舔毛而带入胃内寄生，后随粪便排出，在土壤里化蛹变为成体蝇。马蝇幼虫（蝇蛆）也会寄生在马、驴、骡或人等动物身上，把寄主的皮下组织当营养库，致使寄生部位形成肿疮。寄生幼虫老熟时，爬出寄主皮肤，落到地上化蛹，然后羽化变成新一代马蝇，又开始寻找下一个寄生目标。

马蝇

专门寄生的寄蝇幼虫

寄蝇又叫寄生蝇，是寄蝇科昆虫的统称，因其幼虫专门过寄生生活而得名。多数寄蝇成虫繁殖力强，雌寄蝇把卵产在寄主昆虫或其他动物体表，或产在寄主取食活动的地方，其幼虫侵入寄主体内，取食寄主体液甚至可致寄主死亡。寄蝇的寄主多是害虫，因此寄蝇成为受人类保护和利用的重要天敌昆虫。

一种寄蝇

黄尾巢螟

黄尾巢螟寄生黄蜂巢

黄尾巢螟是寄生在黄蜂巢的一种螟蛾，也是黄蜂的克星。成熟雌雄巢螟交配后，雌螟飞到黄蜂巢窝产卵。卵经 5 天左右孵化出灰白色幼虫，在蜂巢内爬行，尽情食用黄蜂幼虫而快速成长。幼虫经 12 天左右即化蛹，11 天左右即羽化为新一代成虫。黄尾巢螟的繁殖力极强，多在夜间暗处活动。

舌蝇

致命的寄生昆虫——舌蝇

舌蝇又称采采蝇，是非洲地区的危险致命昆虫，分布在撒哈拉沙漠以南，多栖于有人聚居的农业地带。舌蝇身长仅 1 厘米，口器却十分尖锐，能刺穿人、畜的皮肤，在吸血同时将其携带的锥虫（一类寄生鞭毛虫）注入寄主体内。锥虫通过寄主的血循环入侵中枢神经系统，从而使寄主患上非洲睡眠病，如不对症治疗，会逐渐导致寄主死亡。

昆虫装死，逃生有术

昆虫装死是指昆虫受到刺激或惊吓时，身体蜷缩、静止不动，或从停留处跌落呈假死状态，稍停片刻即恢复正常而离去的现象。装死（假死）是昆虫保护自己的一种防御策略，也是一种简单的刺激反应。

哪些昆虫有装死行为？金龟子、象甲、锹甲、叶甲、尺蠖毛虫、黏虫幼虫、麦叶蜂，以及蝽类成虫等具有假死性。天敌对死猎物或死寄主不感兴趣，不捕食也不侵害假死者，因此装死成为多种昆虫成虫或幼虫的有效防御对策。

黑步甲诈死

假死多见于鞘翅目昆虫，例如黑步甲，其装死时间可长达20—50分钟。它们装死时看起来毫无生机，身体、足部、触角都一动不动，呈麻痹状态，或从树上掉到地上。不过，当它们真正受到死亡威胁时，依然会奋力争斗，试图脱离险境。

活黑步甲

一只装死的象甲

胡麻天牛装死

天牛装死的时候，前足和中足是弯曲收回、贴着身体的，和装死的象甲伸着三对足的“死相”完全不同。象甲的装死似乎更逼真。

胡麻天牛装死

竹节虫装死

竹节虫不但拟态隐身一流，而且有装死的本事。有些竹节虫感觉灵敏，哪怕只是风吹草动，或是有鸟儿飞过，受到一点惊扰，便会使出“装死”绝招，硬生生从栖息处坠落草丛中，逃离捕食者的视野范围，装死不动，好像真死了一样，然后伺机偷偷溜之大吉。

竹节虫装死

蝽装死

蝽的种类数以万计，它们除了拥有散发恶臭的化学武器外，许多种类成虫天生亦有假死习性，受惊后立即坠地装死，察觉危机解除，可迅速翻身飞走。身怀多项求生技能是蝽类家族兴旺发达的原因之一。

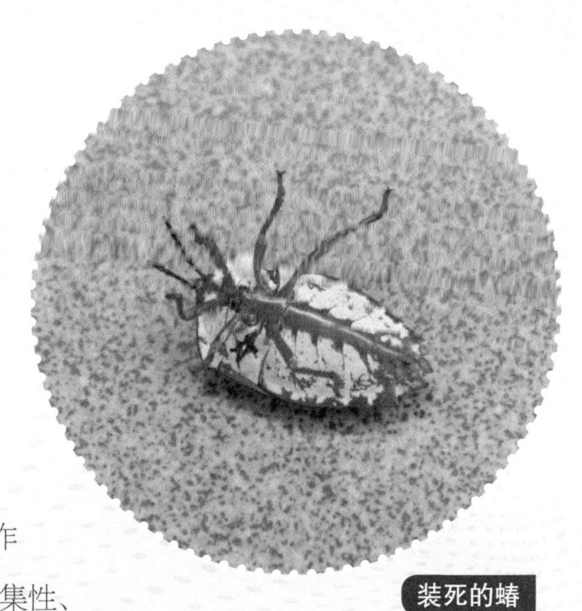

装死的蝽

黏虫幼虫的假死

黏虫分布广，其幼虫喜吃麦、稻、粟、玉米等粮食作物，以及棉花、豆类、蔬菜等百余种作物的叶片。由于其聚集性、迁飞性及暴食性，大量黏虫能将一个地区农作物的叶片吃光，是重要农业害虫。有经验的农民知道，黏虫幼虫具有假死性，可采用“黏虫兜”顺着麦垄推进，受到震动装死的幼虫就会纷纷落入布兜里。

黏虫幼虫

瓢虫装死是休克

当瓢虫遇到危险时，会立即从树上跌落地面，3 对足收缩在腹下，装死不动。很多人抓过瓢虫，把它捏在手里时，它一动不动好像死了；而把它放到地上，一会儿它就会活过来飞走。据科学家研究，瓢虫虽也是“装死”高手，但其假死是一种被动应激反应，类似于休克。

瓢虫跌落装死

会装死的蓄奴蚁

蓄奴蚁是悍蚁属，强悍凶猛，其口器及身体结构决定了它们善于征战、杀伐。它们会劫掠他种弱小蚂蚁作为“奴蚁”，自身却不会进食、筑巢、哺幼。蚂蚁建立新群，雌蚁王必须亲自操劳养大第一批后代，有队伍才能建立群体。悍蚁却做不到这点，怎么办？说来诡异，它是通过装死建立新群的。看！一只受精怀卵的雌悍蚁跑到山蚁巢口躺下装死，众山蚁把它当作美食抬入巢内。这只雌悍蚁不费吹灰之力便打入敌巢，立即找到巢内的蚁王，对其突然攻击。它可能一击成功，也可能与对方搏斗厮打。入侵悍蚁身体涂抹上原蚁王的气味，还会产生原蚁王的信息素，成功篡夺了“王位”。自此，全窝山蚁服服帖帖地为它服务，给它喂食，帮它照管产下的卵。不久，这窝山蚁就彻底演变成悍蚁群体。

悍蚁装死诈得“王位”

悍蚁侵入山蚁巢内

雄厚实力，高手竞技

大量实例证明，许多种类的昆虫在进化过程中形成独特有效的生存对策，例如用毒、结群、拟态、伪装、寄生及假死，等等。不过，昆虫种类多不胜数，有大量昆虫没有特殊求生奇招，但它们同样是生存高手。它们保持昆虫基本形态，凭借自身雄厚的实力，比如强壮的嘴巴、尖利的棘刺、坚如盔甲的外壳、高超的飞行技巧、飞快的奔跑速度，以及灵巧的挖洞和筑巢本领等，求生繁衍。

满身锐刺的鬼王螽斯

这是种原产于南美洲的典型捕食性螽斯，相貌奇特怪异，头部突出巨大，全身布满强大锐刺，有鲜黄色可怖的口器，张狂的姿态令人心生震撼。它的习性十分凶猛，靠多刺的前肢捕捉各种昆虫为食。当它还是若虫时体形就已经很大，成虫体长达到7—10厘米。“鬼王”一名，名不虚传。

鬼王螽斯

披甲树螽

披甲树螽吃鸟蛋

身披“铠甲”的披甲树螽

披甲树螽属于非洲的无翅螽斯类，是肉食性大型昆虫，成虫身长可达30—70毫米。它的外壳坚硬，如同身披铠甲，口器锋利，胸、背部多有硬刺，三对长足粗壮，善于攀爬上树。披甲树螽凶猛不怕鸟儿，常攀到树上盗取甚至抢食红嘴奎利亚雀的幼鸟或鸟蛋。情况紧急时，它会从外骨骼缝隙喷出辛辣难闻的黄绿色毒液或血淋巴液，避免遭到捕捉。

强悍凶猛的菱背螳

菱背螳俗称马来西亚巨人盾螳，简称马盾螳螂，身长7—10厘米。其捕捉足强大，末端有巨大的利爪，比其他螳螂更强悍凶猛，捕获其他较大昆虫和节肢动物均不在话下，可捕食青蛙、蜥蜴、老鼠、小鸟，甚至蛇。和其他螳螂一样，它在捕食时也采用伏击的方法，快捷有效，“足到擒来”。

菱背螳

非洲绿巨螳
非洲绿巨螳捕蛇

巨大的非洲绿巨螳

这种螳螂体形巨大，十分强悍。雌性成虫体长8—10厘米，雄性稍小，体长也达7—9厘米。它们的镰刀状前足特别长而有力，是凶猛的力量型冷血杀手。它靠保护色避敌，用藏匿突袭的方法捕猎，敏锐的视觉能够三维立体识物，出击速度快如闪电。它不仅能捕食昆虫、蜘蛛、蜈蚣、蛙类、蜥蜴、小鼠、小鸟和小蛇，也能捕食体形较大的蛇、鼠及蜂鸟。

华丽的金属螳螂

金属螳螂又称华丽金螳，原产于马来西亚，是身体强悍的实力型螳螂。它的体表具有金属般耀眼光泽，如同身披铮亮的铠甲，可对被捕者起震慑作用。金属螳螂性情凶猛好斗，奔走迅速；具有长而有力的镰刀形前肢以及锋利的尖刺，捕食时能牢牢抓住猎物；咀嚼式口器强而坚固，能快速撕碎及咬烂猎物。

金属螳螂

白蚁家族中的大颚型兵蚁

大颚型兵蚁是白蚁群体中勇往直前，战死方休的勇士，担负保卫白蚁群体和巢穴的职责。其头部长而高度骨化，强大的上颚如同大钳，靠它与入侵者搏斗、撕咬、刺杀，能拦腰咬断或咬掉敌方蚂蚁或白蚁的头部。在一群白蚁中这种兵蚁数量约占 5%，它们的大颚特化为战斗武器，失去取食功能，只能由工蚁饲喂。

一群白蚁大颚型兵蚁

一种白蚁大颚型兵蚁

大颚呈牛角状的悍蚁

悍蚁是蚂蚁家族中最强悍的一支，虽然只有 8 种，但因其形态、习性非常特殊而声名远扬。它们个个身体健壮，外壳坚固，口器超大呈牛角状，骁勇善战，会掳掠它种蚂蚁作为自家的“奴蚁”。悍蚁自身因口器演变成战斗武器，不适于哺幼、筑巢等工作，甚至进食也要靠“奴蚁”嘴对嘴哺喂。

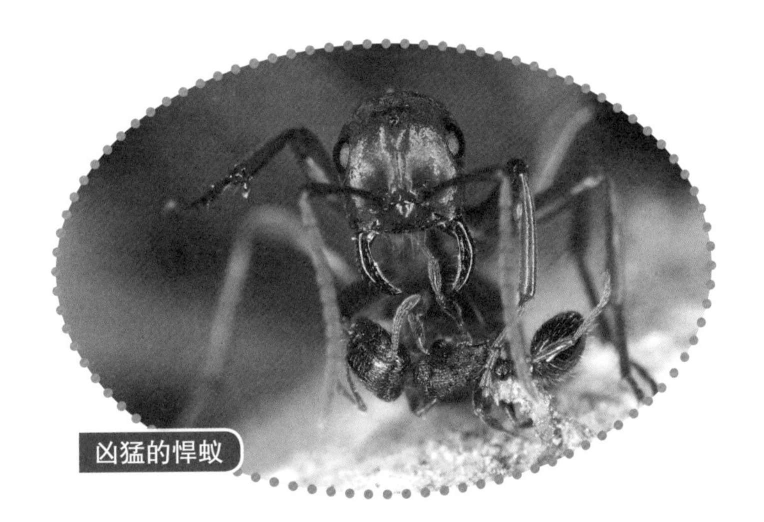
凶猛的悍蚁

长喙如刺的巨刺猎蝽

巨刺猎蝽是产于非洲的掠食性猎蝽，体长达 4—5 厘米，是世界上体形最大的猎蝽。与吸食植物汁液为生且温和的同类臭蝽截然不同，巨刺猎蝽捕食欲望强烈，捕食能力超群，有时能打败块头比它大的天敌。它拥有弯曲锐利如同匕首的管状长喙，能刺穿甲虫、蟑螂等的坚硬外壳，并注射毒液迅速毒晕猎物。它还是狡猾的杀手，会追踪猎物，隐蔽起来等待时机，猛扑捕获猎物，将消化液注入猎物体内，进行体外消化。最后，它将猎物肉体溶为浆汁，用刺吸式口器吸食干净。

巨刺猎蝽捕食大蟑螂

美杜莎捕虫树捕虫

美杜莎捕虫树上的刺蝽

刺蝽与美杜莎捕虫树

美杜莎捕虫树生长在南非，是多年生灌木。它长满能分泌黏液的腺毛，其黏性比著名食虫植物茅膏菜还强，但不能消化被粘猎物。寄居在美杜莎捕虫树上的刺蝽，体表有一层蜡质，能在捕虫树上自由行动，利用其尖利长喙吸食被美杜莎捕虫树粘住的猎物，吃饱喝足后就在树叶上排粪，给美杜莎捕虫树提供现成肥料。一棵美杜莎捕虫树上有时会寄居上百只刺蝽。

能长途迁飞的王蝶

作为极个别能够长途迁飞的昆虫，王蝶为逃避不良环境，为更好地生存和繁衍而迁飞。小小蝶儿，

王蝶迁飞途中

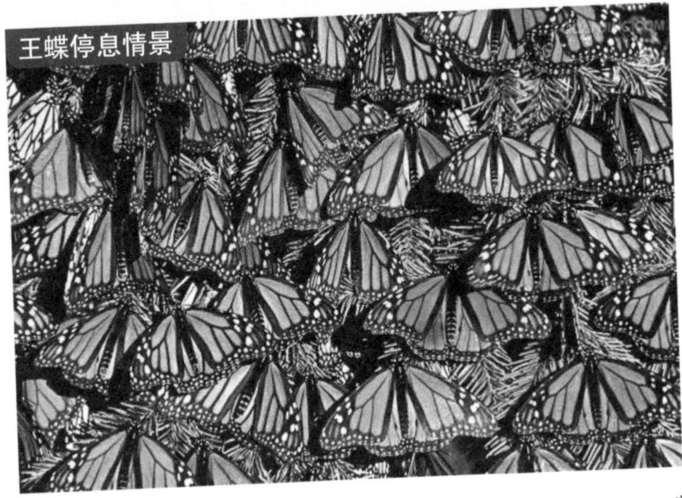

王蝶停息情景

薄薄双翅，翅展宽度仅 9—10 厘米，然而最远迁飞距离竟达单程 4800 千米。冬季南迁，夏季北飞，在浩渺天空中它们靠什么导航？据科学家研究，王蝶触角内有生物钟，能依靠太阳方位和地球磁场精确定位飞行方向，确保数以百万计的王蝶群体成功迁飞。

淡水霸王——田鳖

田鳖约有 100 种，是凶猛的捕食性水生昆虫。它的呼吸管在腹部的末端，前肢呈镰刀状，前肢末端有尖利钩爪，用以捕食小鱼、小虾、水生昆虫及其幼虫、蛙类等动物。它常潜伏于水草中，发现猎物后悄悄接近，突然袭击捕获，用强壮的前肢压住猎物，注入消化液溶化肉体，吸食肉汁。

田鳖捉鱼

奔跑最快的虎甲

虎甲是世界上奔跑速度最快的掠食性昆虫，善飞也善跑，三对足长而灵活，每秒钟跑动距离是其体长的 170 多倍。虎甲虫双眼突出，视觉敏锐，捕猎时能快速聚焦。它仅靠奔跑就能轻易地将蚂蚁、蝗虫、蟋蟀、蜘蛛等动物捕到口中。

虎甲虫捕食蚂蚁

“打不死的小强”——蜚蠊（lián）

蜚蠊俗名蟑螂，全球约有 6000 种，主要生活在热带、亚热带地区，其中约 50 种是名副其实的害虫。中国约有 10 种蜚蠊生活在居民住宅中为害。蜚蠊体形扁长，能疾走也能短暂飞行，极善藏匿，昼伏夜出，去觅食或求偶。近年，“打不死的小强”一词演变成为蜚蠊的代号，主要因为它们是有着 3 亿多年历史的古老昆虫，具有顽强的生命力和惊人的繁殖能力，抗御核辐射的能力比其他动物包括人类强数十倍。另外，蜚蠊的奔跑速度极快，几乎和虎甲不相上下，人们很难追打蜚蠊，只要有一丝丝缝隙，它们就能迅速钻入，逃得无影无踪。

一种蜚蠊

蚂蚁与灰蝶幼虫共生

灰蝶幼虫体内有蜜腺，能够分泌甜甜的氨基酸混合物，蚂蚁很喜欢这种蜜露。灰蝶幼虫提供蜜露给蚂蚁食用，蚂蚁则保护灰蝶幼虫，它们互助互利，构成物种之间的共生关系。蚂蚁会把灰蝶幼虫带回巢穴，和巢内同伴分享蜜露。蚂蚁不但不伤害灰蝶幼虫，还照管喂养它们。

蚂蚁与灰蝶幼虫和谐共生

昆虫之最，世界第一

“昆虫之最”应指昆虫家族中的佼佼者，但昆虫种类极多，分布又极广，何者为“最”并不容易认定。而且随着研究方法的进步，新发现的昆虫物种有可能取代原有的纪录保持者。可以认定的是，那些目前被认为是最大、最小、最长、最重、翅展最宽、最有力气、跑得最快的昆虫，它们能够世代绵延，生存至今，足以证明各有其过人的生存之道。

最大甲虫——泰坦甲虫

泰坦甲虫生活在南美热带雨林，成虫体长12—17厘米，有坚硬的外骨骼和强有力的下颚。成年泰坦甲虫从不进食，只是飞来飞去寻找配偶。而奇怪的是，如此巨大的甲虫，其幼虫却神秘难觅，从未被人发现。科学家推测，泰坦甲虫的幼虫可能隐居在密林木头中，化蛹变成成虫才飞出。

泰坦甲虫

最长甲虫——大力神甲虫

原产于中美洲、南美洲热带雨林的大力神甲虫大名为长戟大兜虫。其雄成虫体长最长纪录为18.4 厘米。它是世界上最长的甲虫，也是力气最大的甲虫。这种甲虫力大无比，能举起超过自身体重 850 倍的物体，因此在欧美被称为大力神甲虫。雄虫的“长戟”是用来争夺配偶的，而雌虫头部无“长戟”。

雄性大力神甲虫

最重甲虫——大王花金龟

大王花金龟即歌利亚大角花金龟，原产于非洲赤道地区，是世界上最重的昆虫，成年雄虫最重可达 99.33 克，最大体长 11.5 厘米。大王花金龟幼虫很大，习性独特，需要高蛋白的食物，幼虫期长 6—8 个月。老熟幼虫会在黏土中化蛹，拱出一个蛋形壳，将排出的粪便压扁涂抹在土壳内壁，形成坚固、防水、透气的土茧，包裹、保护虫蛹在里面羽化。大王花金龟成虫喜吃水果、树木汁液及花粉花蜜。

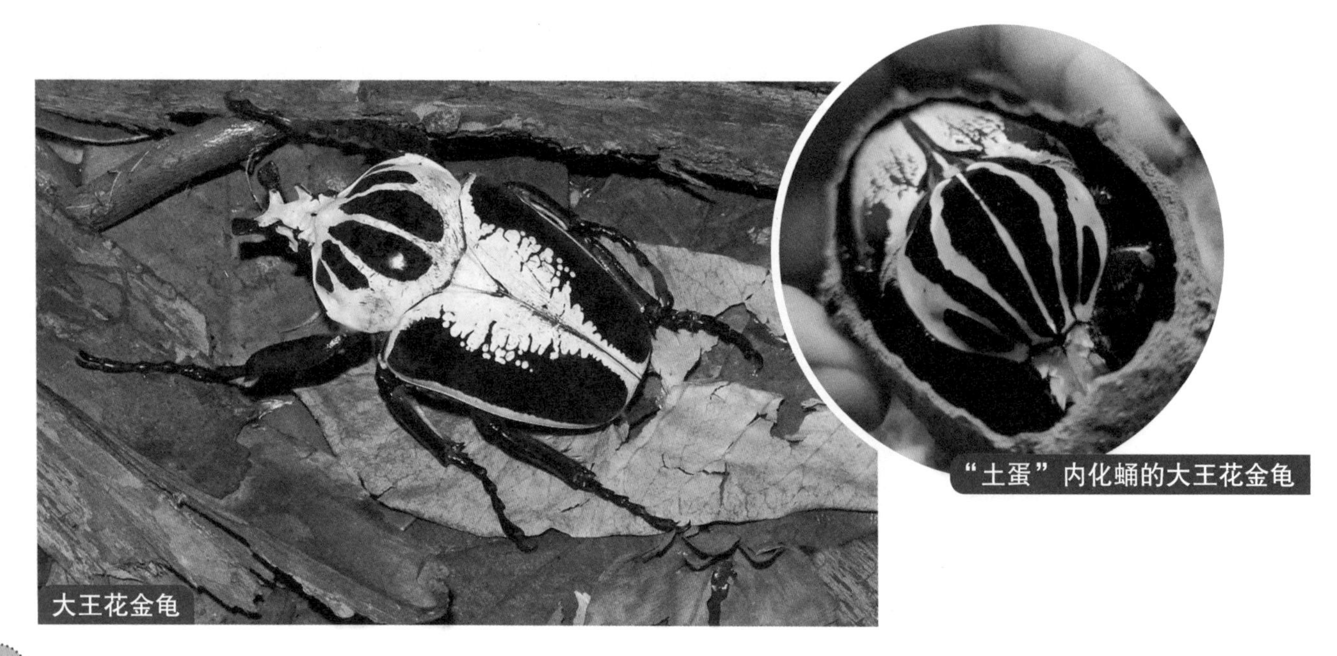
大王花金龟

“土蛋”内化蛹的大王花金龟

世界最大蝴蝶——亚历山德拉鸟翼凤蝶

产于大洋洲巴布亚新几内亚热带雨林的亚历山德拉鸟翼凤蝶当属世界最大蝴蝶。其雌蝶比雄蝶大，翼展可达28—31厘米，体长8厘米，体重可达12克。雄蝶也相当大，翼展16—20厘米。在鳞翅类蝶类中，如此巨大体形的蝴蝶无疑是独占鳌头的“巨无霸”。

雌雄亚历山德拉鸟翼凤蝶

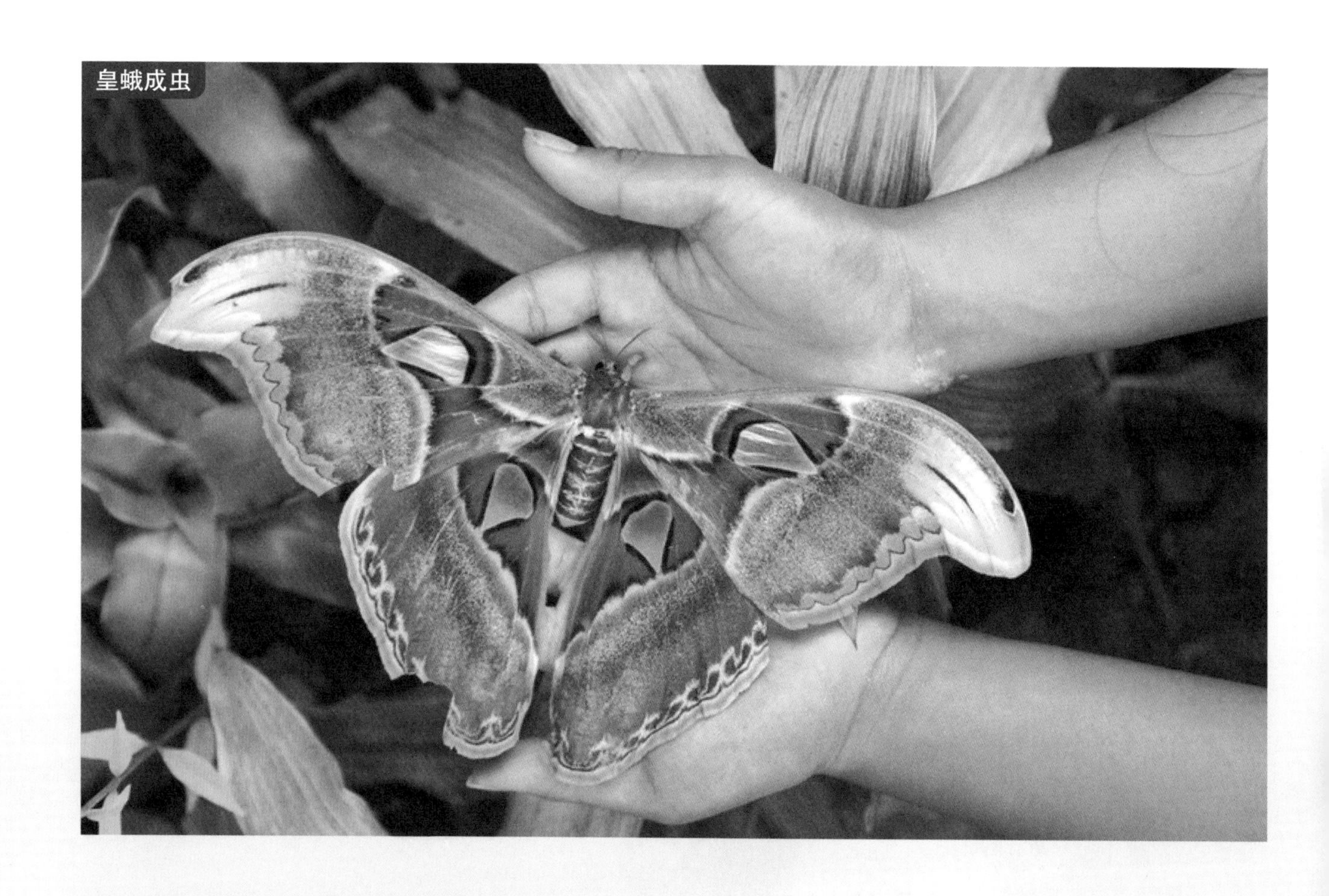
皇蛾成虫

皇蛾幼虫

世界最大蛾类——皇蛾

皇蛾学名叫乌桕大蚕蛾，由于体形巨大且色彩鲜艳被赞誉为“皇蛾”，同时它又因身体某一局部特征而得名三角大蚕蛾、地图蛾、蛇头蛾等。皇蛾翅展可达 28 厘米，具有 400 平方厘米世界第一宽大的翅幅面积。其成虫体重可达 12 克；幼虫也很大，重达 58 克。

翅展最宽昆虫——白女巫蛾

白女巫蛾的翅展宽度25—30厘米，个别甚至达32厘米，超过皇蛾的翼展宽度，位居世界第一。这种蛾生活在南美洲的热带林区，虽然体形巨大，然而其白色双翅上面印有复杂锯齿形图案。这使它可以与所停息的灰白色树干融为一体，很难被人发现。白女巫蛾虽然翅展世界最宽，但属于极隐秘的蛾类。

白女巫蛾

世界最大蜚蠊——美洲大蠊

美洲大蠊实际上是原产于非洲北部的大型蜚蠊，成虫体长29—40毫米，是蜚蠊中的巨无霸。它约在17世纪传播到美洲并被定名为“美洲大蠊”。这种蜚蠊原为热带和亚热带种类，喜欢温暖湿润的生境，但栖居地已扩展到温带北部，是臭名昭著的世界性卫生害虫。中国一些省份也有美洲大蠊泛滥成灾的趋势。

美洲大蠊

攻击速度最快的大齿猛蚁

大齿猛蚁

地球上攻击速度最快的动物，是双颚闭合速度最快的昆虫——大齿猛蚁，其神力来自其肌肉，只需0.13毫秒便能闭颚咬紧猎物，比人的眨眼速度约快2300倍。虽然每只仅重12—15毫克，咬合力却是其体重的300倍。大颚闭合产生的力道，还能用于自卫，将身体弹至8厘米高空，落到40厘米外的安全地带。

最长寿昆虫——十七年蝉

生活在北美洲的寿命长达17年的蝉，从1龄若虫掘土过地下生活至成熟的5龄若虫出土重见天日，要整整经历13年或17年才蜕变为有翅、能飞的成体蝉，因此被称为“十七年蝉”。出土后羽化的成体蝉并不进食，所有活动只为繁殖后代。科学家认为，这种长年幽居地下的神奇生存策略，可以避开尽可能多的捕食者。

十七年蝉成虫

世界最大蝇类——高罗米达斯蝇

英国自然历史博物馆收藏的高罗米达斯蝇，是产于南美洲食虫虻类当中的最大蝇类，体长可达 6 厘米，翅展可达 10 厘米。科学家对这种特大蝇类的生活方式至今仍然了解不多。据考察，成年雄蝇吃花粉花蜜，幼虫捕食其他昆虫的幼虫，是掠食性的。

高罗米达斯蝇

世界水蜡之王——大水虫

大水虫是世界最大的半翅目昆虫，又名巨田鳖，体长 8—12 厘米。它是水生昆虫界中首屈一指的凶猛捕食者，善于追踪和攻击水中的甲壳类昆虫、鱼类及两栖类动物，常静伏水底并用物体遮住身体伪装，等猎物靠近发起突袭，咬住猎物并向其体内注入消化唾液，溶化猎物为浆汁并吸食。前些年日本公布一组巨田鳖捕杀草龟、水蛇的照片，凶残惊人，使得它被大众视为“变态昆虫”。

巨田鳖

犀牛蟑螂

最大最重的蟑螂——犀牛蟑螂

犀牛蟑螂原产于澳大利亚，是已知全球最大最重的巨型穴居蟑螂，成虫体长可达 8.3 厘米，重达 63 克。它是卵胎生，从出生至成熟需要 5 年，从幼虫长到成虫须蜕皮 12 次到 13 次，寿命可超过 10 年。其雌雄虫均无翅，外壳坚硬，附肢带有短尖刺，攀爬能力差，但善于挖掘，能挖深达 1 米的洞穴栖居。犀牛蟑螂在产地以桉树的落叶为食。性情温和，有人将它作为宠物饲养。

世界最重的蛾——巨型木蛾

巨型木蛾是澳大利亚特有的昆虫，是世界上体重最重的蛾。雌性木蛾体重可达 30 克，翼展可达 25 厘米，比雄性重了一倍。人们第一眼见到巨木蛾时，很容易把它误认为是某种鸟类——想不到一只飞蛾竟能长得如此之大。

澳大利亚巨型木蛾

最小昆虫——柄翅卵蜂

柄翅卵蜂是1833年人们在哥斯达黎加发现的世界最小昆虫，体长仅0.2毫米左右，比某些单细胞动物还小。这种不可思议的超级微小昆虫，在显微镜下才能看到它的真容：有3对足，翅膀长而细，边缘有毛发状细丝，帮助减少飞行时的气流和阻力。它靠在其他昆虫的卵或幼虫体内产卵繁殖后代。

显微镜下放大的柄翅卵蜂

最耐低氧的昆虫——摇蚊幼虫

水生昆虫中的一类摇蚊幼虫，为闭合式无气门型呼吸系统，通过体壁在水中进行气体交换，能生活于富营养化湖泊的深水底泥中。它们居然能在氧气浓度极低的环境中生存下来，所以摇蚊幼虫被认为是地球上最耐低氧的昆虫。

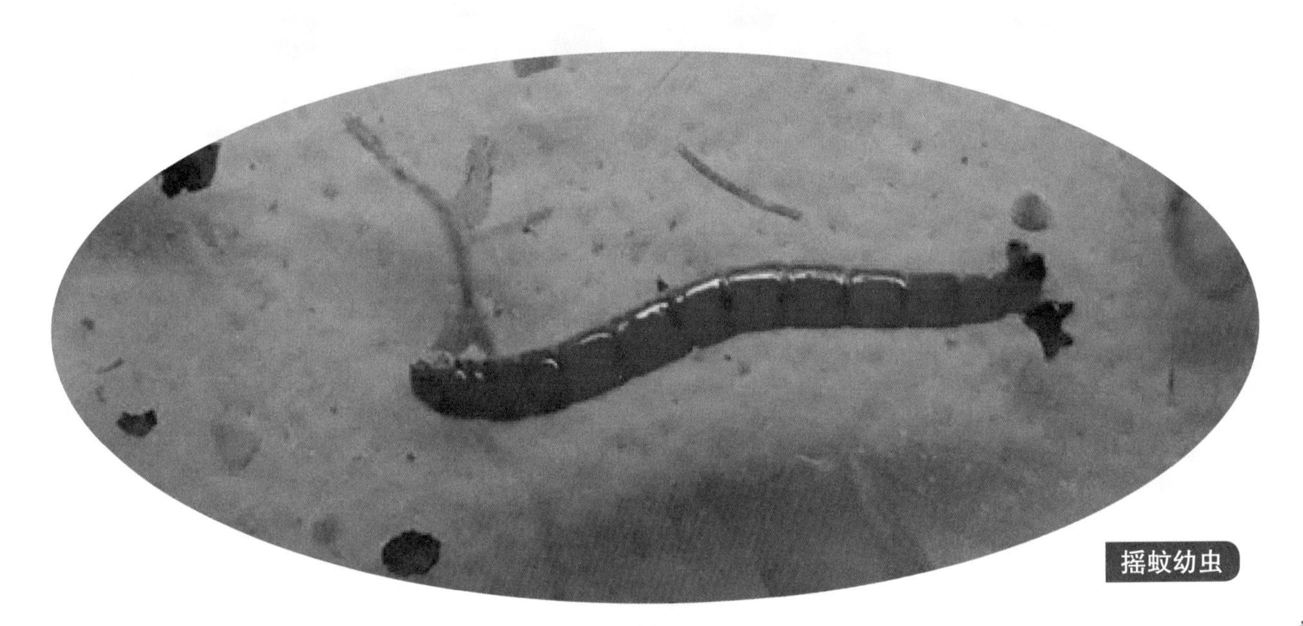

摇蚊幼虫

最耐盐碱的昆虫——碱蝇

碱蝇群

美国加州东部莫诺湖的湖水盐度是海水的 2 倍，这对任何动物都是致命的，而生活在此湖中的水蝇类碱蝇，却可完美适应。其幼虫有特殊生理机能，能中和致命盐碱成分；成虫身上长有纤细绒毛可收集保存氧气，能让其潜入水下饱食水藻，因而得以大量繁殖。每年繁殖季，湖区的碱蝇多得难以计数。成千上万迁飞过境的矶鹞（jī yào）到此饱餐碱蝇，场景蔚为壮观。

最耐热的昆虫——银蚁

生活在撒哈拉沙漠的银蚁，是世界上最耐热的昆虫。它们能在地表温度高达 70℃的沙漠生存。中午是觅食和躲避掠食动物的最佳时间，所以银蚁必须跑得飞快，将体温保持在 53.6℃以下，完成一次找到并把食物带回地下巢窝的行动。它们身上的毛发反射着银光，因此被称为银蚁。

沙漠银蚁

世界最大虎甲虫——大王虎甲

全球已知有虎甲虫约2000种，其中最大的种类是非洲的大王虎甲，身体长6—7厘米。它全身外壳黑亮，头部巨大，有一对内缘具有锐齿的剃刀形大颚。这对大颚是天生捕食利器，能够牢牢钳住猎物。大王虎甲是世界罕见的肉食性甲虫。古希腊和古罗马人认为，此虫可能是来自外星的怪物。

雌雄大王虎甲虫

大王虎甲捕食